整数論周遊

片山孝次著

現代数学社

まえがき

　これは，"初等整数論からの話題"の名のもとに雑誌に連載したものです．連載は 20 回にわたりました．多少，訂正・加筆しました．まだまだ，おもしろい，たとえばオイラーの和公式といった話題はあります．読者の対象としては，高校上級，大学初年級を想定しました．

　ここでは，厳密な話ではなく，考えの筋道を理解していただくように心掛けたつもりです．練習問題は，本文を理解すれば解決できるはずです．

　ともあれ，数論は，いや数学は，本当におもしろいものだと思って下さればそれに越したことはありません．

　同僚の大槻真さんは，原稿を精査し，多くの助言を下さいました．厚く御礼申し上げます．

1999 年　仏子の里にて
片山孝次

目　次

まえがき
1. メービウスの関数 ……………………………………………… 1
2. 数論的関数のつくる可換環 …………………………………… 9
3. 形式的べき級数 ………………………………………………… 18
4. 合同の考え ……………………………………………………… 29
5. 合同の世界をのぞく …………………………………………… 38
6. 因数分解をしてみよう ………………………………………… 46
7. 素数は無限に多くある ………………………………………… 56
8. ベルヌーイ数は欲張り ………………………………………… 69
9. 平方剰余 ………………………………………………………… 79
10. ガウスの整数 …………………………………………………… 92
11. 不等式の整数解 ………………………………………………… 105
12. 連分数と2次の無理数 ………………………………………… 118
13. フェルマの無限降下法 ………………………………………… 132
14. ペル方程式 ……………………………………………………… 145
15. $x^2 + Ny^2$ の形の数 …………………………………………… 155
16. 素数は無限に多くある(2) …………………………………… 166
17. ゼータ関数の値 ………………………………………………… 177
18. L-関数の値 …………………………………………………… 189
19. L-関数の値(2) ……………………………………………… 201
20. すばらしいテータ関数 ………………………………………… 212
問題の解答 ………………………………………………………… 225
索引 ………………………………………………………………… 237

1. メービウスの関数

1. 整数全体を Z,自然数(正の整数)全体を N で表します.最近では 0 を N の中に含める人もいますが,ここでは $0 \notin N$ とします.

N を定義域とし,整数の数論的性質を反映する関数を数論的関数といいます.'数論的性質とは何だ' と質問されそうですが,それはおのずからわかる,としておきましょう.

数列も N を定義域とする関数ですが,それは数を並べたものであり,数論的関数とは問題意識が異なります.

数論的関数の例をいくつか挙げましょう.

(1) 任意の自然数に 1 を対応づける関数.すなわち,値が 1 の定数関数.これを $\eta(n)$ と書きます:すべての n に対して $\eta(n) = 1$.

(2) 自然数 n に n 自身を対応づける関数(写像として恒等写像).これを $\varepsilon(n)$ と書きます:$\varepsilon(n) = n$.

(3) 自然数 n に $\left[\dfrac{1}{n}\right]$ を対応させる関数.これを e と書きます.

$$e(n) = \left[\dfrac{1}{n}\right]$$

ここで $[x]$ はおなじみのガウスの記号で $m \leq x < m+1 (m \in Z)$ ならば $[x] = m$ と定義されます.要するに $e(n)$ は $n = 1$ のときだけ値が 1 で,$n > 1$ に対しては値が 0 である関数です.

(4) 自然数 n に対して,n より小で n と互いに素な自然数の個数を $\varphi(n)$ と書きます.φ をオイラーの関数とよびます.(自然数 n, m が互いに素,とは,n, m の最大公約数 (n, m) が 1 のことです.)

たとえば

6より小で6と互いに素な自然数は1, 5だけですから $\varphi(6) = 2$, 7より小で7と互いに素な自然数は1, 2, …, 6ですから $\varphi(7) = 6$.

このような数論的関数を定義したとき，それらの性質，役割を考えること，そして何故にそのような関数を考えるのか，が問題になります．

2. 本稿の主題であるメービウスの関数 $\mu(n)$ は，次のように定義されます：

$$\begin{cases} \mu(1) = 1, \\ n \text{ が平方数で割り切れるならば } \mu(n) = 0 \\ n = p_1 \cdots p_k \, (p_i, \, i = 1, \cdots, k, \text{ は異なる素数}) \\ \quad \text{ならば } \mu(n) = (-1)^k. \end{cases}$$

たとえば，

$$6 = 2 \cdot 3 \quad \text{ですから} \quad \mu(6) = (-1)^2 = 1,$$
$$12 = 2^2 \cdot 3 \quad \text{ですから} \quad \mu(12) = 0$$

です．

メービウスといえば，テープを半ひねりしたあと両端を糊付けして得られる'裏表のない曲面'（メービウスの帯）を思い出すことでしょう．そのメービウスです．

メービウスの関数は，数論において補助的役割をもつ関数で，その重要性は **メービウスの反転公式**

$$f(n) = \sum_{d|n} g(d) \Leftrightarrow g(n) = \sum_{d|n} \mu(d) f\left(\frac{n}{d}\right)$$

に表明されています．ここで $d|n$ は d が n の約数であることを表します．

$\sum_{d|n}$ は n のすべての約数 d にわたる和です．d と共に $\frac{n}{d}$ も n の約数全体を動きますから最後の和を $\sum_{d|n} \mu\left(\frac{n}{d}\right) f(d)$ と書くことができます．

たとえば，$n = 6$ ととり 6 の約数 6, 3, 2, 1 に対して条件式を書くと

$$f(6) = g(1) + g(2) + g(3) + g(6),$$
$$f(3) = g(1) \qquad\quad + g(3)$$
$$f(2) = g(1) + g(2)$$
$$f(1) = g(1)$$

という，未知数 $g(1), g(2), g(3), g(6)$ に関する '連立 1 次方程式' になりますが，それを解くと，

$$g(1) = f(1)$$
$$g(2) = f(2) - f(1)$$
$$g(3) = f(3) - f(1)$$
$$g(6) = f(6) - f(3) - f(2) + f(1)$$

が得られます．$\mu(1) = 1, \mu(2) = \mu(3) = -1, \mu(6) = 1$ ですからたしかに

$$g(6) = \sum_{d \mid 6} \mu(d) f\left(\frac{6}{d}\right)$$

になっています．

　簡単にいえば，反転公式は 'f が g で表されているとき，逆に g を f で表す' ものです．このような場面にはしばしば出会うであろうことは想像に難くありません．したがって反転公式が大いに役立つことは間違いありません．

3. 反転公式の証明は，ふつう次のようにします：まず $\mu(n)$ の性質
　　（ i ）　$\mu(n)$ は乗法的である，
　　（ ii ）　$\sum_{d \mid n} \mu(d) = e(n)$

を，証明します．（証明は読者への問とします．）ここで，数論的関数 $f(n)$ が乗法的であるとは，a, b が互いに素ならば $f(ab) = f(a)f(b)$ であることをいいます．（ i ）を用いて（ ii ）が証明されます．

　つぎに $\sum_{ab \mid n} h(a) g(b)$ を

$$\sum_{ab \mid n} h(a) g(b) = \sum_{b \mid n} g(b) \sum_{d \mid \frac{n}{b}} h(d) \qquad\qquad ①$$

$$= \sum_{d \mid n} h(d) \sum_{b \mid \frac{n}{d}} g(b) \qquad ②$$

と2通りに計算します．とくに h としてメービウスの関数 μ をとると，

①は
$$\sum_{b \mid n} g(b) \sum_{d \mid \frac{n}{b}} \mu(d) = g(n) \qquad ①'$$

((ⅱ)により，$n=b$ のときだけ，左辺の内側の和は 0 ではない)，

②は
$$\sum_{d \mid n} \mu(d) \sum_{b \mid \frac{n}{d}} g(b) = \sum_{d \mid n} \mu(d) f\left(\frac{n}{d}\right) \qquad ②'$$

となります．①′＝②′ が反転公式の ⇒ の部分です．⇐ の部分は $h(d) = \mu\left(\dfrac{n}{d}\right) f(d)$ と g に対して ⇒ の部分を適用すれば証明されるのですが，計算はやや難しいので，次回の，他の観点からの証明にゆずります．

反転公式は，実数に対して定義された関数 f, g に対しても拡張されます．すなわち，

(＊)
$$f(x) = \sum_{n \leq x} g\left(\frac{x}{n}\right) \Leftrightarrow g(x) = \sum_{n \leq x} \mu(n) f\left(\frac{x}{n}\right).$$

ここで x は実数，n は自然数です．

証明

$$\sum_{n \leq x} \mu(n) f\left(\frac{x}{n}\right) = \sum_{n \leq x} \sum_{m \leq \frac{x}{n}} \mu(n) g\left(\frac{x}{mn}\right)$$

$$= \sum_{l \leq x} g\left(\frac{x}{l}\right) \sum_{d \mid l} \mu(d) = g(x).$$

ここで μ の性質（ⅱ）を用いました．

4. 1. (4)でオイラーの関数 $\varphi(n)$ を定義しました．それは

$$\varphi(n) = \sum_{\substack{d < n, \\ (d,n)=1}} 1 = \sum_{\substack{d < n, \\ (d,n)=1}} \eta(d)$$

と書かれます。

　このように数論では'与えられた n と互いに素な数だけに関する和'を考えることが多いのです．以下説明するように $1, 2, \cdots, n$ に関する和から $(d, n) = 1$ である d についての和を抜き出すために，メービウスの関数が用いられます．これは，μ のもうひとつの重要な役割といえるでしょう．

　一般に $x_1, x_2, \cdots$ を実数（複素数でもかまいません）の列，各 x_i に自然数 $c_i (i = 1, 2, \cdots)$ が対応づけられているとします．$x = x_1, x_2, \cdots$ に対して定義された関数 $g(x)$ に対して

$$S = \sum_{d \mid c_i} g(x_i), \quad S = \sum_{c_i = 1} g(x_i)$$

とおけば，

$$S = \sum_{d=1}^{\infty} \mu(d) S_d$$

が成り立つ，という定理があります．

証明
$$\sum_{d=1}^{\infty} \mu(d) S_d = \sum_{d=1}^{\infty} \mu(d) \sum_{d \mid c_i} g(x_i)$$

$$= \sum_{i=1}^{\infty} g(x_i) \sum_{d \mid c_i} \mu(d)$$

$$\stackrel{(*)}{=} \sum_{c_i = 1} g(x_i) = S$$

　($*$) のところで $c_i \neq 1$ ならば $\sum_{d \mid c_i} \mu(d) = 0'$ を使いました．

この定理の応用範囲はひろいのです．その特別な場合として，次の定理が得られます：

定理　$a, x_1, x_2, \cdots$ を自然数，$c_i = (a, x_i)$ とおけば

$$S = \sum_{(x_i, a) = 1} g(x_i), \quad S_d = \sum_{d \mid (x_i, a)} g(x_i)$$

であり，

$$S = \sum_{d=1}^{\infty} \mu(d) S_d.$$

ちょうど S は，与えられた a と互いに素な x_i だけについての和になっています．これが目標でした．

応用例として

(5) $$\varepsilon(n) = \sum_{d|n} \varphi(d) = \sum_{d|n} \varphi\left(\frac{n}{d}\right)$$

を証明しましょう．

それには上の定理で，$x_1 = 1, x_2 = 2, \cdots, x_n = n, a = n, g(x) = \eta(x)$ とおけばいいのです．そうすれば

$$\varphi(n) = \sum_{(x_i, n)=1} \eta(x_i) = S,$$
$$S_d = \sum_{d|(x_i, n)} \eta(x_i)$$
$$(= (d|(x_i, n) \text{である} x_i \text{の個数}))$$
$$= \frac{n}{d} = \varepsilon\left(\frac{n}{d}\right)$$

ですから

$$\varphi(n) = \sum_{d|(x_i, n)} \mu(d) S_d = \sum_{d|n} \mu(d) \varepsilon\left(\frac{n}{d}\right)$$

が成り立ちます．これを反転公式で反転すれば(5)が得られます．

もうひとつ応用例を考えましょう．みなさんは公式

$$\sum_{k=1}^{n} k^2 = 1^2 + 2^2 + \cdots + n^2 = \frac{n(n+1)(2n+1)}{6}$$

にはおなじみのはずです．しかし，k として $(k, n) = 1$ であるものだけをとった和

(6) $$S = \sum_{\substack{(k, n)=1 \\ k<n}} k^2$$

はどのように計算されるでしょうか．

ここで右辺の和の項数が $\varphi(n)$ であることに注意して下さい．

準備として次の(7)，(8)を証明しましょう．

(7)　$\varphi(n) = n\prod_{p|n}\left(1-\dfrac{1}{p}\right)$,　（積は n のすべての素因数にわたる）

(8)　$\displaystyle\sum_{d|n}\mu(d)d = \prod_{p|n}(1-p)$.

(7)の証．

$$n = p_1^{e_1}\cdots p_t^{e_t}$$

を n の素因数分解とすれば，n の約数 d はすべて

$$d = p_1^{h_1}\cdots p_t^{h_t} \quad 0 \le h_i \le e_i \quad i = 1, 2, \cdots, t$$

の形に書かれます．ゆえに

$$\varphi(n) = n\sum_{d|n}\frac{\mu(d)}{d} = n\sum_{h_1=0}^{1}\cdots\sum_{h_t=0}^{1}\frac{\mu(p_1^{h_1}\cdots p_t^{h_t})}{p_1^{h_1}\cdots p_t^{h_t}}$$

（$\mu(d)$ の定義より，$h_i \ge 2$ である i があれば $\mu(d) = 0$ です．）

$$= n\prod_{i=1}^{t}\sum_{h_i=0}^{1}\frac{\mu(p_i^{h_i})}{p_i^{h_i}} = n\prod_{i=1}^{t}\left(1-\frac{1}{p_i}\right).$$

ここで関数 μ の乗法性を用いています．

(8)の証．(7)と同様の計算です．したがって途中を省略して書きます．

$$\sum_{d|n}\mu(d)d = \prod_{i=1}^{t}\left(\sum_{h_i=0}^{1}\mu(p_i^{h_i})p_i^{h_i}\right) = \prod_{i=1}^{t}(1-p_i).$$

(6)を計算しましょう．そのため上の定理で

$$g(x) = x^2,\ x_1 = 1,\ x_2 = 2,\ \cdots,\ x_n = n,\ a = n$$

とおきます．そうすれば，

$$S_d = \sum_{d|(x_i,n)} x_i^2 = d^2\left(1^2 + 2^2 + \cdots + \left(\frac{n}{d}\right)^2\right)$$
$$= \frac{n(n+d)(2n+d)}{6d}$$

ですから

$$S = \sum_{d|n} \mu(d) S_d = \sum_{d|n} \mu(d) \frac{n(n+d)(2n+d)}{6d}$$

$$= \frac{n^3}{3} \sum_{d|n} \frac{\mu(d)}{d} + \frac{n^2}{2} \sum_{d|n} \mu(d) + \frac{n}{6} \sum_{d|n} \mu(d) d$$

$$= \frac{n^2}{3} \cdot \varphi(n) + \frac{n}{6} \prod_{p|n} (1-p)$$

$$= \frac{n^2}{3} \varphi(n) + \frac{n}{6} \prod_{p|n} (-p) \prod_{p|n} \left(1 - \frac{1}{p}\right)$$

$$= \frac{n^2}{3} \varphi(n) + \frac{1}{6} \prod_{p|n} (-p) \cdot \varphi(n)$$

$$= \frac{\varphi(n)}{6} \left(2n^2 + \prod_{p|n} (-p)\right), \qquad (n>1)$$

が得られました．

　実際たとえば $n=10$ とすれば

$$S = \sum_{\substack{(k,10)=1 \\ k<10}} k^2 = 1^2 + 3^2 + 7^2 + 9^2 = 140.$$

で，一方 $\varphi(10) = \varphi(2)\varphi(5) = 4$ ですから

$$\frac{\varphi(10)}{6} (2 \cdot 10^2 + \prod_{p|10} (-p)) = 140$$

です．

問1 $\mu(n)$ の性質 (i), (ii) を証明しなさい．

問2 $\displaystyle\sum_{(k,n)=1} k^3 = \frac{n}{4} \varphi(n)(n^2 + \prod_{p|n}(-p))$, $(n>1)$, を証明しなさい．

問3 $x \geq 1$ ならば $\displaystyle\sum_{d \leq x} \mu(d) \left[\frac{x}{d}\right] = 1$, を証明しなさい．（公式（＊）の応用）

参考書　高木貞治：初等整数論講義（共立出版），ベイカー（片山訳）：初等数論講義（サイエンス社）

2. 数論的関数のつくる可換環

1. 前回では数論的関数，とくにメービウス関数，をとりあげその反転公式を，初等整数論の伝統的手法にしたがい導きました．しかし，そのときの式の変形は——それに馴れればいいのですが，また馴れるべきでしょうが——必ずしも分かりやすいとはいえません．

ここでは前回の計算からヒントを得て，新しく関数の‘積’（かけ算，乗法）を導入し，関数のふつうの和とともに，数論的関数全体の集合を‘可換環’としてとらえ，そこでの演算から極めて自然に，あるいは見通しよく，メービウスの反転公式を導きましょう．抽象的な代数理論が具体的に数論で活躍する例であり，メービウスの反転公式において，何事が進行しているのかがよく分かります．

前回のメービウス反転公式の証明では

① $$\sum_{db \mid n} h(d) g(b)$$

を2通りに計算することがポイントでした．ここで念のため，h, g は数論的関数，$db \mid n$ は db が n の約数であることを意味し，和は $db \mid n$ であるすべての d, b にわたります．

①を，n の約数ごとの和に分けて

$$\sum_{db \mid n} h(d) g(b) = \sum_{k \mid n} \sum_{db=k} h(d) g(b)$$

と書き直し，この右辺第2の和を

$$h * g(k) = \sum_{db=k} h(d) g(b) \left(= \sum_{d \mid k} h(d) g\left(\frac{k}{d}\right) \right)$$

と表します．そうすれば①は

$$\sum_{db\mid n} h(d)g(b) = \sum_{k\mid n} h*g(k)$$

と書かれます．$h*g(k)$ は，いわば①という和の'構成要素'となっているわけです．この $h*g$ を新しく，関数 h, g の'積'と考えるとすばらしいことが起こります．もちろん積というからには，それにふさわしい性質を持たなければなりません．（*はディリクレ積ともよばれます．）

2. 数論的関数の全体を $\mathscr{F}$ と書きます．$\mathscr{F}$ の任意の2元 f, g に対する演算として，上で考えた積 $f*g$，すなわち

$$f*g(n) = \sum_{dd'=n} f(d)g(d'),$$

のほかに，ふつうの和 $f+g$，すなわち

$$(f+g)(n) = f(n)+g(n)$$

を考えましょう．

$\mathscr{F}$ は *, + に関して閉じています．すなわち

$$f, g \in \mathscr{F} \quad \text{に対して} \quad f*g, f+g \in \mathscr{F}.$$

さて，$\mathscr{F}$ は *, + に関してどのような演算法則をもつでしょうか．それを見るために前回導入した関数 $e(n)$

② $$e(n) = \left[\frac{1}{n}\right]$$

を思い出しましょう．（前回は太文字でなく e を用いました．）これは

$$\begin{cases} e(1) = 1 \\ e(n) = 0 \quad n > 1 \end{cases}$$

と定義することもできます．さらに，任意の n に対して値 0 をとる関数 $\mathbf{0}(n)$ を

考えます．すなわち

③ $\quad\quad\quad\quad\quad\quad 0(n) = 0, \ n \geq 1.$

このとき $\mathscr{F}$ の演算法則は次のようになります．
(1) 任意の $f, g, h \in \mathscr{F}$ に対し
$$f + (g + h) = (f + g) + h,$$
(2) 任意の f に対し，
$$0 + f = f + 0 = f$$
　　　　（0 は加法の単位元とよばれます）
であり，
$$f + g = g + f = 0$$
を満たす g が存在する．（g は f の加法に関する逆元とよばれ，$g = -f$ と書かれます．）
(4) $\quad f + g = g + f$
(1)´ $\quad f * (g * h) = (f * g) * h$
(2)´ 任意の f に対し
$\quad\quad f * e = e * f = f$ （e は $*$ に関する単位元とよばれます．）
(4)´ $\quad f * g = g * f$
(5) $\quad f * (g + h) = f * g + f * h,$
$\quad\quad (f + g) * h = f * h + g * h$
（これで $*$ が '積' とよぶにふさわしいことが分かりました．）

これに似た演算法則をもつ集合は，実はすでに高校数学に現れています．整数全体の集合 $\mathbf{Z}$, 有理数全体の集合などもそうですが，目新しいものとしては2次正方行列全体の集合 $\mathfrak{M}$ がそうです．$\mathfrak{M}$ の2元 A, B に対して，加法 $A + B$, 乗法 AB という演算が定義されますが，$AB = A * B$ と書けば，$\mathfrak{M}$ は上述の(4)´ を除くすべての演算法則を満たしています．ただし，$0, e$ に対応するものは

$$零行列\ O = \begin{pmatrix} 0 & 0 \\ 0 & 0 \end{pmatrix}, \qquad 単位行列\ E = \begin{pmatrix} 1 & 0 \\ 0 & 1 \end{pmatrix}$$

です.

　一般に, $*$, $+$ に関して閉じており(4)´を除く演算法則をみたす集合を（乗法の単位元をもつ）'環'といいます. $\mathfrak{M}$, $\mathscr{F}$ は環です. さらに(4)´をみたすときは'可換環'といいます. したがって $\mathscr{F}$ は可換環です.

　（実は(4)´のほかに $\mathfrak{M}$ と $\mathscr{F}$ に異なる点があります. すでに高校数学で知っていることですが, $\mathfrak{M}$ では

$$A \neq O,\ B \neq O,\ AB = O$$

をみたす A, B が存在します. このような元 A, B をともに'零因子'とよびましたが, $\mathscr{F}$ には零因子は存在しません.）

　ここで, $\mathscr{F}$ に対する(2)´だけを証明しておきましょう：定義より

$$e\left(\frac{n}{d}\right) = \begin{cases} 1 & n = d \\ 0 & n \neq d \end{cases}$$

ですから, 任意の n に対して

$$f * e(n) = \sum_{d \mid n} f(d)\, e\left(\frac{n}{d}\right) = f(n),$$

すなわち

$$f * e(= e * f) = f$$

です.

3.　上で演算法則を書き並べましたが, (3)に対応する(3)´となるべきものが抜けています.

　一般に環において, f に対し

$$f * g = g * f = e \quad (乗法の単位元)$$

となる g が存在するとき, g は f の逆元である, f は可逆である, といい, $g = f^{-1}$ と書きます.

　2次正方行列の集合 $\mathfrak{M}$ について, 任意の $A \in \mathfrak{M}$ が可逆であるとは限りませ

ん．そのとき
　・どのような $A \in \mathfrak{M}$ が可逆であるか（逆元の存在条件），
　・可逆とすれば A^{-1} を定めよ（逆元の決定），
という2つの問題が重要でした．一般に

　　'環があれば，逆元の存在条件を求め，逆元を決定せよ'

は，ひとつの金言といってよいでしょう．

　$\mathfrak{M}$ についていえば，上の問題に対して，次のような解答が得られていることはおなじみでしょう．

"$A = \begin{pmatrix} a & b \\ c & d \end{pmatrix}$ は $ad-bc \neq 0$ のとき，かつそのときに限り可逆である．そして，

$$A^{-1} = \frac{1}{ad-bc}\begin{pmatrix} d & -b \\ -c & a \end{pmatrix}.\text{"}$$

この金言を $\mathscr{F}$ について実行するのが今回の主目的である，といえます．

　さて，この種の問題を攻撃するとき，まず逆元が存在すればどうなるかを考えるのが正攻法です．そこで $f \in \mathscr{F}$ の逆元 f^{-1} が存在するとしましょう．* に関する単位元は e ですから，任意の n に対して

④ $$f * f^{-1}(n) = \sum_{d \mid n} f\left(\frac{n}{d}\right) f^{-1}(d) = e(n)$$

が成り立つはずです．

　$n = 1$ とおけば

$$f * f^{-1}(1) = f(1)f^{-1}(1) = 1$$

ですから

(イ) $$f(1) \neq 0$$

であり

(ロ) $$f^{-1}(1) = \frac{1}{f(1)}$$

がわかりました．

　逆に(イ)が成り立つとします．そのとき(ロ)により $f^{-1}(1)$ が定められます．$n > 1$ に対して $f^{-1}(n)$ を定義したいのですが，そのため④を，$d = n$ の部分を分

離し，'$n>1$ ならば $e(n)=0$' を用いて

$$\sum_{\substack{d\mid n\\ d\neq n}} f\left(\frac{n}{d}\right) f^{-1}(d) + f(1)f^{-1}(n) = 0$$

と書きましょう．そうして $d<n$ であるすべての d に対し $f^{-1}(d)$ は定められたとします．そうすれば上式右辺の Σ の部分は確定するわけですから，両辺を $f(1)$ で割って移項すれば

(ハ) $$f^{-1}(n) = -\frac{1}{f(1)} \sum_{\substack{d\mid n\\ d\neq n}} f\left(\frac{n}{d}\right) f^{-1}(d)$$

が得られます．これで $f^{-1}(n)$ が定められました．つまり，$f(1)\neq 0$ ならば $f^{-1}(1)$ からはじめて，(ハ)によりつぎつぎに $f^{-1}(2)$, $f^{-1}(3)$, … が定められるのです（帰納的定義）．

このようにして定めた f^{-1} が f の逆元であることは明らかでしょう．

$\mathcal{F}$ において逆元の存在条件は(イ)であり，逆元は(ロ), (ハ)により決定されるわけで，金言は実行されました．

4．メービウスの関数 $\mu(n)$ は

$$\begin{cases} \mu(1)=1, \\ n \text{ が平方因数を含むならば } \mu(n)=0, \\ n = p_1 p_2 \cdots p_k \,(p_i \text{ は異なる素数})\text{ ならば } \mu(n)=(-1)^k \end{cases}$$

と定義されました．

$\mu(1)=1\neq 0$ ですから，逆元 μ^{-1} は存在します．それを求めましょう．

まず

$$\mu^{-1}(1) = \frac{1}{\mu(1)} = 1$$

です．$n>1$ とします．$\mu^{-1}(n)$ は(ハ)により

$$\mu^{-1}(n) = -\sum_{\substack{d\mid n\\ d\neq n}} \mu\left(\frac{n}{d}\right) \mu^{-1}(d)$$

と定義されます．

見当をつけるため少し計算しましょう．

$$\mu^{-1}(2) = -\sum_{\substack{d \mid 2 \\ d \neq 2}} \mu\left(\frac{2}{d}\right)\mu^{-1}(d)$$

$$= -\mu(2)\mu^{-1}(1) = 1,$$

$$\mu^{-1}(3) = -\sum_{\substack{d \mid 3 \\ d \neq 3}} \mu\left(\frac{3}{d}\right)\mu^{-1}(d)$$

$$= -\mu(3)\mu^{-1}(1) = 1,$$

$$\mu^{-1}(4) = -\sum_{\substack{d \mid 4 \\ d \neq 4}} \mu\left(\frac{4}{d}\right)\mu^{-1}(d)$$

$$= -\mu(4)\mu^{-1}(1) - \mu(2)\mu^{-1}(2) = 1,$$

$$\mu^{-1}(6) = -\sum_{\substack{d \mid 6 \\ d \neq 6}} \mu\left(\frac{6}{d}\right)\mu^{-1}(d)$$

$$= -\mu(6)\mu^{-1}(1) - \mu(3)\mu^{-1}(2) - \mu(2)\mu^{-1}(3) = 1.$$

このように計算を続けると，

'すべての n に対し $\mu^{-1}(n) = 1$'

と予想するのは自然でしょう（これは前回定義した η という関数です．）実際そうであることを n に関する帰納法により証明します．

まず $\mu^{-1}(1) = 1$ は成り立ちます．

$n > 1$ とし，すべての $d < n$ に対し $\mu^{-1}(d) = 1$ が成り立つと仮定します．ここで，前回利用した公式（問1）

⑤ $$\sum_{d \mid n} \mu(d) = \begin{cases} 1 & n = 1 \\ 0 & n > 1 \end{cases} = e(n)$$

を思い出しておきます．そうすれば，たしかに

$$\mu^{-1}(n) = -\sum_{\substack{d \mid n \\ d \neq n}} \mu\left(\frac{n}{d}\right)\mu^{-1}(d)$$

$$\overset{\text{\textcircled{\#}}}{=} -\sum_{\substack{d\mid n \\ d\neq 1}} \mu(d)\,\mu^{-1}\left(\frac{n}{d}\right)$$

$$\overset{\text{\textcircled{ヒ}}}{=} -\sum_{\substack{d\mid n \\ d\neq 1}} \mu(d) \overset{\text{\textcircled{ㇷ゚}}}{=} -\sum_{d\mid n} \mu(d) + \mu(1) = 1$$

となり，証明終了です．ここで \#では $\dfrac{n}{d}$ を d と書きかえ，ヒでは帰納法の仮定 $\mu^{-1}\left(\dfrac{n}{d}\right) = 1$ を用い，ㇷ゚では $d = 1$ の項を出し入れしました．

さてここまで来ると，メービウスの反転公式の証明は簡単です．

メービウスの反転公式は，積 $*$ を用いて表せば

$$\text{"}f = g*\mu^{-1} \Leftrightarrow g = f*\mu\text{"}$$

となります．この形で証明しましょう．

$f = g*\mu^{-1}$ の両辺に μ をかける（$*$ の意味で）と

$$f*\mu = (g*\mu^{-1})*\mu = g*(\mu^{-1}*\mu) = g*e = g.$$

また $g = f*\mu$ の両辺に μ^{-1} をかけると，同様に $g*\mu^{-1} = f$．

これで証明は終りです！

5. 上述の所論はメービウスの反転公式の証明だけで終るのは，あまりにももったいない．少しばかり応用に触れましょう．

　φ と μ の関係　φ は前回定義したオイラーの関数（$\varphi(n)$ は n より小で，n との最大公約数が 1 である自然数の個数）で，ε をこれまた前回定義した関数（$\varepsilon(n) = n$）とするとき，

$$\varepsilon(n) = \sum_{d\mid n} \varphi(d)$$

であることは前回証明してあります．この関係は

$$\varepsilon(n) = \sum_{d\mid n} \varphi(d)\,\mu^{-1}\left(\frac{n}{d}\right) \quad \text{すなわち} \quad \varepsilon = \varphi*\mu^{-1}$$

と書かれます．この両辺に μ を（*の意味で）かけると

$$\varepsilon * \mu = \varphi$$

が得られます．すなわち

$$\varphi(n) = \sum_{d|n} \varepsilon(d)\mu\left(\frac{n}{d}\right) = \sum_{d|n} d\,\mu\left(\frac{n}{d}\right).$$

さて，上述のように

$$\varphi(1) = 1, \quad \sum_{d|n}\varphi(d) = n$$

ですが，逆にこの性質をもつ数論的関数は φ に限ること，すなわち

'$\sum_{d|n} f(d) = n, \quad f(1) = 1$　ならば　$f = \varphi$' であること，

を証明しましょう．
　この条件式は

$$f * \mu^{-1} = \varepsilon$$

と書かれます．この両辺に μ を（*の意味で）かけて

$$f = \varepsilon * \mu = \varphi.$$

問1　関数 ε^{-1} について

$$\varepsilon^{-1}(1) = 1,$$

n が平方因子を含むならば $\varepsilon^{-1}(n) = 0$，
$n = p_1 p_2 \cdots p_k$（p_i は異なる素数）ならば

$$\varepsilon^{-1}(n) = (-1)^k n$$

であることを示しなさい．（すなわち $\varepsilon^{-1}(n) = \mu(n) \cdot n$）

問2　$\sum_{d|n} f(d) = \begin{cases} 1 & n = 1 \\ 0 & n \neq 1 \end{cases}$ ならば $f = \mu$ であることを示しなさい．

注意　メービウスの関数 μ に対して $\mu(1) = 1$，$\sum_{d|n}\mu(d) = 0$（$n > 1$）が成り立ちます（すなわち⑤）．問2はこの逆，すなわち⑤の性質をもつ数論的関数は μ しかないこと，の証明を問うています．

3．形式的べき級数

1． 第一回の話題として数論的関数をとりあげ，数列も数論的関数といえなくはないが，問題意識が異なるといいました．第二回では数論的関数全体の集合に，ディリクレ積

(1) $$f * g(n) = \sum_{kl=n} f(k) g(l)$$

を導入して可換環とし，その文脈のもとに，メービウスの反転公式を導きました．そうすると，'数論的関数'である数列に対しても同様なことが考えられないか，という疑問が湧くことでしょう．

問題意識の差は，当然考え方，取り扱い方の差となって来ます．数列の場合には，ワンクッションをおいて，対応

$$\text{数列} \{a_n\}_{n=0,1,2,\ldots} \to A(X) = a_0 + a_1 X + \cdots + a_n X^n + \cdots = \sum_{n=0}^{\infty} a_n X^n$$

により，$A(X)$を考察対象とするのが便利です．そうして，数列の全体のかわりに，数列に対応する$A(X)$の全体を考え，そこに積を導入して可換環にするのです．

そうすれば，第二回の数論的関数のなす可換環の場合と同様

'逆元はいつ存在するか，逆元をどのように求めるか'

が重要な問題になります．

上の$A(X)$を数列$\{a_n\}$に対する'形式的べき級数'といいます．今回はこれについて考えることにしましょう．

その過程でわかると思いますが，数論的関数と数列に対する意識の差は，前者は乗法的であり，後者は加法的であるところにあります．そのことは，積の定義にはっきりと現れます．

逆に，乗法的な問題（たとえば，整除，約数，素数に関する問題）に対しては数論的関数のように，加法的な問題（たとえば，自然数 n を，いくつかの 1，いくつかの 2 の和として表す方法は何通りあるか）に対しては数列のように考えよ，ということになります．

2．多項式

$$f(x) = a_0 + a_1 x + a_2 x^2 + \cdots + a_n x^n$$

には，次のように 2 つの面があります．
　(イ)　$f(x)$ は文字 a_i，x によって表された単なる式である．
　(ロ)　$f(x)$ は x の関数である．
　(イ)では x に数値を代入することはできません．x は単なる文字です．(ロ)では x にいろいろな数値を代入することができます．すなわち x は変数です．
　(ロ)の立場で，$f(x)$ の和を無限にひきのばした形の

$$a_0 + a_1 x + a_2 x^2 + \cdots + a_n x^n + \cdots$$

は，微分積分学の主対象である'べき級数'で，x は変数ですから数値をいろいろ代入することができます．そのとき，代入した数値に対してべき級数が収束するかどうかが問題になります．たとえば

$$(2) \qquad \frac{1}{1-x} = 1 + x + x^2 + \cdots + x^n + \cdots$$

の右辺べき級数は，$|x|<1$ であるすべての x に対し収束し，1 つの関数を定義します．その関数が左辺で表されるわけです（$|x|<1$ の範囲で）．
　これとは異なり，(イ)の立場で $f(x)$ の和を無限にひきのばした形の

$$A(X) = a_0 + a_1 X + a_2 X^2 + \cdots + a_n X^n + \cdots$$

が形式的べき級数です．（X は単なる文字で，数値を代入することはできません．変数と区別するため大文字 X を用いました．）
　形式的べき級数については，'収束'は考えません．また，$A(X)$ は関数ではありません．$A(X)$ の本体はあくまでも数列 $\{a_n\}_{n=0,1,2,\ldots}$ であり，数列にまつわるいろいろな計算を円滑に行うために文字 X を導入し，べき級数の形にした

ものです.さらに数列は1つの規則にしたがって数を並べたものですから,当然そのことは形式的べき級数にも受けつがれています.

文字 X の形式的べき級数全体を $\mathscr{F} = \mathscr{F}(X)$ と書きます.$\mathscr{F}$ の任意の2つの元 $A(X)$, $B(X)$

$$A(X) = a_0 + a_1 X + a_2 X^2 + \cdots + a_n X^n + \cdots$$
$$= \sum_{n=0}^{\infty} a_n X^n$$
$$B(X) = b_0 + b_1 X + b_2 X^2 + \cdots + b_n X^n + \cdots$$
$$= \sum_{n=0}^{\infty} b_n X^n$$

が等しい,すなわち $A = B$ (あるいは $A(X) = B(X)$ とも書きます)とは

'すべての $n = 0, 1, 2, \cdots$ に対し $a_n = b_n$'

であることと定義します.さらに A, B の和 $A + B$,積 $A \cdot B$ を

$$(A + B)(X) = A(X) + B(X)$$
$$= a_0 + b_0 + (a_1 + b_1)X + \cdots + (a_n + b_n)X^n + \cdots,$$
$$(A \cdot B)(X) = A(X) \cdot B(X)$$
$$= c_0 + c_1 X + c_2 X^2 + \cdots c_n X^n + \cdots$$

(3) $$c_n = \sum_{\substack{k+l=n \\ k \geq 0, l \geq 0}} a_k b_l$$

により定義します.これらは2つの多項式の和,積をまねたものです.

数列でいえば,(3)により定義された数列 $\{c_n\}_{n=0,1,2,\cdots}$ は $\{a_n\}$,$\{b_n\}$ の合成積とよばれています.その c_n が形式的べき級数の積において X^n の係数として現れるところがミソで,数列を形式的べき級数にうつして考える利点はここにあります.

(1),(3)の定義で,和の条件の違いに注意して下さい:(1)では $kl = n$,(3)では $k + l = n$,前者は乗法的,後者は加法的です.

いま導入した和と積により,$\mathscr{F}$ は可換環になります.読者みずからチェック

してください．乗法の単位元は
$$I(X) = 1 + 0 \cdot X + 0 \cdot X^2 + \cdots = 1$$
で，加法の単位元は
$$O(X) = 0 + 0 \cdot X + 0 \cdot X^2 + \cdots = 0$$
です．

念のため，形式的べき級数の積は次のように考えればよいでしょう：

$$
\begin{array}{c}
a_0 + a_1 X + a_2 X^2 + \cdots \\
\downarrow \quad \downarrow \quad \downarrow \\
\hline
\cdots + b_2 X^2 + b_1 X + b_0 \\
\hline
\cdots + (a_0 b_2 + a_1 b_1 + a_2 b_0) X^2 + \cdots
\end{array}
$$

すなわち上段に $A(X)$，下段に $B(X)$ を互いに逆順に書き，上下重なった項の係数をかけ合わせ，それらをすべて加えるのです．上例では X^2 の係数が計算されています．X^3 の係数は，下のように $B(X)$ を右へ一項分ずらして b_0 を $a_3 X^3$ の下において同様に計算すればよろしい．

$$
\begin{array}{c}
a_0 + a_1 X + a_2 X^2 + a_3 X^3 + \cdots \\
\downarrow \quad \downarrow \quad \downarrow \quad \downarrow \\
\hline
\cdots + b_3 X^3 + b_2 X^2 + b_1 X + b_0 \\
\hline
\cdots + (a_0 b_3 + a_1 b_2 + a_2 b_1 + a_3 b_0) X^3 + \cdots
\end{array}
$$

3． $\mathscr{F} \ni A$ の逆元とは

$$AB = I$$

を満たす $B \in \mathscr{F}$ のことで，$B = A^{-1}$（あるいは $B(X) = A(X)^{-1}$）と書きます．

では最初に述べた問題，「逆元の存在は？」「逆元の求め方」を考えましょう．そのために，形式的べき級数の位数という概念を導入します：

$$A(X) = a_n X^n + a_{n+1} X^{n+1} + \cdots \qquad a_n \neq 0$$

のとき，A の位数は n であるといい，

$$n = \mathrm{ord}(A)$$

と書きます．ord は order（位数）の略記です．したがって

$$A(X) = a_0 + a_1 X + a_2 X^2 + \cdots \qquad a_0 \neq 0$$

ならば

$$\mathrm{ord}(A) = 0$$

です．ord(0)は定義しません．（あるいは $-\infty$ と定義します．）$A \neq 0, B \neq 0$ に対して

$$\mathrm{ord}(A \cdot B) = \mathrm{ord}(A) + \mathrm{ord}(B)$$

が成り立ちます．

さらに，次の定理が成り立ちます．

定理 A の逆元が存在するための必要十分条件は $\mathrm{ord}(A) = 0$ である．

証明 $\mathrm{ord}(A) = 0$ とすれば

$$A(X) = a_0 + a_1 X + a_2 X^2 + \cdots \qquad a_0 \neq 0$$

ですから，

$$b_0 = \frac{1}{a_0}, \quad B(X) = b_0 + b_1 X + b_2 X^2 + \cdots$$

とおいてみます．そのとき

$$A \cdot B \text{ の } X \text{ の係数} = a_0 b_1 + a_1 b_0 = 0$$
$$X^2 \text{ の係数} = a_0 b_2 + a_1 b_1 + a_2 b_0 = 0$$
$$\cdots \cdots$$
$$X^n \text{ の係数} = \sum_{k+l=n} a_k b_l = 0$$
$$\cdots \cdots$$

により，$b_1, b_2, \cdots, b_n, \cdots$ とつぎつぎに定めて行くことができます．実際，これらの条件式はすべて未知数 $b_1, b_2, b_3, \cdots$ について1次式であり，$b_1, b_2, \cdots, b_{n-1}$ が定まったとき，$a_0 \neq 0$ ですから

$$\sum_{k+l=n} a_k b_l = a_0 b_n + a_1 b_{n-1} + \cdots + a_n b_0 = 0$$

より，b_n が定まります．そうすれば $B = A^{-1}$ です．

この逆, すなわち 'A^{-1} が存在すれば $\mathrm{ord}(A) = 0$' は明らかでしょう.
いくつかの形式的べき級数について逆元を求めましょう.

例 1

$$(1-X)^{-1} = 1 + X + X^2 + \cdots + X^n + \cdots.$$

これは (2) の '形式的べき級数' 版であり, 右辺に $1-X$ をかけて $=1$ になることを見ればよいのです. これから

$$(1 + X + X^2 + \cdots + X^n + \cdots)^{-1} = 1 - X$$

もわかります. さらに

$$(1-aX)^{-1} = 1 + aX + (aX)^2 + \cdots + (aX)^n + \cdots$$

です.

例 2

$$E(X) = 1 + \frac{X}{1!} + \frac{X^2}{2!} + \cdots + \frac{X^n}{n!} + \cdots = \sum_{n=0}^{\infty} \frac{X^n}{n!}$$

ここで $0! = 1$ と約束されています.

$\mathrm{ord}(E) = 0$ ですから E の逆元は存在します.

$$E(-X) = 1 - \frac{X}{1!} + \frac{X^2}{2!} - \cdots + (-1)^n \frac{X^n}{n!} + \cdots$$

$$= \sum_{n=0}^{\infty} \frac{(-1)^n X^n}{n!}$$

を考えると,

$$E(X)E(-X) = c_0 + c_1 X + \cdots + c_n X^n + \cdots$$

とするとき,

$$c_0 = 1$$

$n \geq 1$ ならば $\displaystyle c_n = \sum_{k+l=n} \frac{1}{k!} \cdot \frac{(-1)^l}{l!}$

$$= \frac{1}{n!} \sum_{k+l=n} \frac{(-1)^l n!}{k! \, l!}$$

$$= \frac{1}{n!}(1-1)^n = 0$$

ですから

$$E(X)^{-1} = E(-X)$$

です.

（ここで $a=1$, $b=-1$ に対して2項定理

$$(a+b)^n = \sum_{k=0}^{n} \binom{n}{k} a^k b^{n-k} = \sum_{k=0}^{n} \frac{n! a^k b^{n-k}}{k!(n-k)!}$$

を用いました.）

$E(X)$ は実は微分積分学に現れる e^x と同じ形をしており, $\sum_{n=0}^{\infty} \frac{x^n}{n!}$ はすべての x に対して収束することがわかっています．したがって $E(X)=e^X$（指数関数）と考えて差し支えありません．このように，解析に現れるべき級数の'形式的べき級数'版を考えることができますから，この点でも数列自身を考えるよりはるかに機動的です．

例 3

$$\frac{E(X)-1}{X} = \frac{1}{X}\left(\frac{X}{1!} + \frac{X^2}{2!} + \cdots + \frac{X^n}{n!} + \cdots\right)$$
$$= 1 + \frac{X}{2!} + \cdots + \frac{X^{n-1}}{n!} + \cdots$$

ですから

$$\operatorname{ord} \frac{E(X)-1}{X} = 0$$

です．したがって逆元が存在しますが，あきらかに

$$\left(\frac{E(X)-1}{X}\right)^{-1} = \frac{X}{E(X)-1}$$

です．

$$\frac{X}{E(X)-1} = \sum_{n=0}^{\infty} \frac{B_n X^n}{n!}$$

とおくと，B_n は有理数 $2!, 3!, \cdots$ などの加減乗除により得られますから，自身有理数です．B_n は（n 位の）ベルヌーイ数とよばれる，数論において重要な数で，後の話題に登場すると思います．

実は，$B_1 = -\dfrac{1}{2}$ で，$B_{2n+1} = 0 (n \geq 1)$ であることがわかります．（ベルヌーイ数の記法は人により異なりますから注意して下さい．）

4．応用例として数列の一般項を求めてみましょう．

例4 $a_0 = 1, a_1 = 1$ で，漸化式
$$a_{n+2} = a_{n+1} + a_n$$
により定義される数列は歴史的に有名であり，フィボナッチ数列とよばれています．これに対応する形式的べき級数を
$$A(X) = a_0 + a_1 X + a_2 X^2 + \cdots = \sum_{n=0}^{\infty} a_n X^n$$
とします．漸化式の両辺に X^{n+2} を乗じ，n に関する和をとると

(4) $$\sum_{n=0}^{\infty} a_{n+2} X^{n+2} = \sum_{n=0}^{\infty} a_{n+1} X^{n+2} + \sum_{n=0}^{\infty} a_n X^{n+2}$$

が得られます．

$$\sum_{n=0}^{\infty} a_{n+2} X^{n+2} = \sum_{n=2}^{\infty} a_n X^n = \sum_{n=0}^{\infty} a_n X^n - (a_0 + a_1 X) = A(X) - (a_0 + a_1 X),$$

$$\sum_{n=0}^{\infty} a_{n+1} X^{n+2} = X \sum_{n=0}^{\infty} a_{n+1} X^{n+1} = X (\sum_{n=0}^{\infty} a_n X^n - a_0) = XA(X) - a_0 X,$$

$$\sum_{n=0}^{\infty} a_n X^{n+2} = X^2 A(X)$$

ですから，(4)に代入してまとめると（$a_0 = a_1 = 1$ を用いて）
$$(1 - X - X^2) A(X) = a_0 + (a_1 - a_0) X = 1$$
となります．したがって $1 - X - X^2 = (1 - \alpha X)(1 - \beta X)$ とおけば，例1により

$$A(X) = (1 - X - X^2)^{-1}$$
$$= (1 - \alpha X)^{-1}(1 - \beta X)^{-1}$$
(5)
$$= \sum_{n=0}^{\infty} \alpha^n X^n \cdot \sum_{n=0}^{\infty} \beta^n X^n$$
$$= \sum_{n=0}^{\infty} \Big(\sum_{k+l=n} \alpha^k \beta^l \Big) X^n$$

となります．ここで

$$\alpha = \frac{1+\sqrt{5}}{2}, \quad \beta = \frac{1-\sqrt{5}}{2}$$

です．(6)で，両辺の係数を等しいとおけば（形式的べき級数に対する＝の定義），

$$a_n = \sum_{k+l=n} \alpha^k \beta^l = \frac{\alpha^{n+1} - \beta^{n+1}}{\alpha - \beta}$$

(6)
$$= \frac{\left(\dfrac{1+\sqrt{5}}{2}\right)^{n+1} - \left(\dfrac{1-\sqrt{5}}{2}\right)^{n+1}}{\sqrt{5}}$$

が得られます．

これはビネの公式とよばれています．

（注意）(6)の式は，一見そうでないようですが，a_n に等しいわけですからたしかにすべての n に対して正の整数値になっています．

例5 0または正の整数 n に対し

$$n = t_1 + 2t_2 + 3t_3$$

を満たす (t_1, t_2, t_3)（t_i は 0 または正の整数）の個数 a_n を求めましょう．

数列 $\{a_n\}$ に対する形式的べき級数を

$$A(X) = \sum_{n=0}^{\infty} a_n X^n$$

とします．そのとき，

$$\sum_{n=0}^{\infty} a_n X^n = \sum_{n=0}^{\infty} \Bigl(\sum_{\substack{n=t_1+2t_2+3t_3 \\ t_i \geq 0}} 1 \Bigr) X^n$$

$$= \sum_{t_3=0}^{\infty} \sum_{t_2=0}^{\infty} \sum_{t_1=0}^{\infty} X^{t_1+2t_2+3t_3}$$

$$= \Bigl(\sum_{t=0}^{\infty} X^t \Bigr) \cdot \Bigl(\sum_{t=0}^{\infty} (X^2)^t \Bigr) \cdot \Bigl(\sum_{t=0}^{\infty} (X^3)^t \Bigr)$$

$$= (1-X)^{-1}(1-X^2)^{-1}(1-X^3)^{-1}$$

です．両辺に $(1-X)(1-X^2)(1-X^3)$ をかけると

(7) $\qquad (1-X)(1-X^2)(1-X^3) \sum_{n=0}^{\infty} a_n X^n = 1$

ですが，左辺を計算すると

$$(1-X)(1-X^2)(1-X^3) \sum_{n=0}^{\infty} a_n X^n$$

$$= \sum_{n=0}^{\infty} a_n X^n - \sum_{n=0}^{\infty} a_n X^{n+1} - \sum_{n=0}^{\infty} a_n X^{n+2}$$

$$+ \sum_{n=0}^{\infty} a_n X^{n+4} + \sum_{n=0}^{\infty} a_n X^{n+5} - \sum_{n=0}^{\infty} a_n X^{n+6}$$

$$= \sum_{n=0}^{\infty} a_n X^n - \sum_{n=1}^{\infty} a_{n-1} X^n - \sum_{n=2}^{\infty} a_{n-2} X^n$$

$$+ \sum_{n=4}^{\infty} a_{n-4} X^n + \sum_{n=5}^{\infty} a_{n-5} X^n - \sum_{n=6}^{\infty} a_{n-6} X^n.$$

これが(7)の左辺です．これを(7)にもちこみ，両辺の X^n の係数を比較すれば

(7)の左辺の X^0 の係数 $= a_0 = 1$

$\quad //\qquad X \qquad // \quad = a_1 - a_0 = 0 \qquad\qquad \therefore a_1 = a_0 = 1$

$\quad //\qquad X^2 \quad // \quad = a_2 - a_1 - a_0 = 0 \qquad a_2 = 2$

$\quad //\qquad X^3 \quad // \quad = a_3 - a_2 - a_1 = 0 \qquad a_3 = 3$

$\quad //\qquad X^4 \quad // \quad = a_4 - a_3 - a_2 + a_0 = 0 \qquad a_4 = 4$

$\quad //\qquad X^5 \quad // \quad = a_5 - a_4 - a_3 + a_1 + a_0 = 0 \qquad a_5 = 5$

($n \geq 6$ ならば)

(7)の左辺の X^n の係数 $= a_n - a_{n-1} - a_{n-2} + a_{n-4} + a_{n-5} - a_{n-6} = 0$

が得られます．a_n はこの漸化式によりつぎつぎに求められます．

問1 ベルヌーイ数 B_2, B_4, B_6, B_8 を求めなさい．

$B_1 = -\dfrac{1}{2}$, $B_{2n+1} = 0 (n \geq 1)$ を証明しなさい．

問2 n を 0 または正の整数とするとき，$n = t_1 + 5t_2$ を満たす 0 または正の整数の組 (t_1, t_2) の個数を求めなさい．

4. 合同の考え

1. $x, y, \cdots, z$ に関する整数係数多項式 $f(x, y, \cdots, z)$ が与えられたとします．方程式

(1) $$f(x, y, \cdots, z) = 0$$

を満たす整数の組 $(x, y, \cdots, z)$ を——存在しない場合も含めて——求めようとするとき，(1)をディオファンタス方程式と呼んでいます．連立方程式も考えることができます．

f が1次式の場合には，次の決定的な結果が知られています：$a, b, \cdots, c$ を整数とし，その最大公約数を d とします．そのとき整数 k に対し

‘$ax + by + \cdots cz - k = 0$ が整数解をもつための必要十分条件は，$d \mid k$ である．

ここで $d \mid k$ は d が k を割り切ることを意味します．

有名なフェルマの予想

‘$x^n + y^n = z^n$, $xyz \neq 0$, は $n \geq 3$ ならば整数解をもたない’

もディオファンタス方程式のひとつです．もっともこれは予想というより，すでに定理といったほうがよいでしょう．1994年12月頃でしたか，ワイルズがこの予想を証明したと伝えられ，すぐにまちがいがあったと伝えられましたが，最近完全に証明に成功したということです．とうとう‘350年前の問題’に決着がついたわけですね．

さて，整数解をもたない型の，ある種のディオファンタス方程式が，実際に解をもたないことを証明するのに，以下説明する合同の概念がしばしば有効です．今回はそこに最終目標をおくことにします．

2. 上で述べた1次のディオファンタス方程式についての結果を2変数の場合，すなわち

"a, b の最大公約数を d とする．整数 k に対し，

$$ax + by = k \quad \text{が整数解をもつ} \quad \Leftrightarrow \quad d \mid k"$$

を証明しておきましょう．⇒ の部分は明らかでしょう．⇐ は $d = k$ に対し証明すれば十分です．（$ax + by = d$ の両辺に $\dfrac{k}{d}$ をかければよい）

証明にはユークリッドの互除法を用います：

"次々に余りで除数を割って得られる等式の列を

$$\begin{aligned} a &= bq_1 + r_1, & 0 &< r_1 < b, \\ b &= r_1 q_2 + r_2, & 0 &< r_2 < r_1, \\ r_1 &= r_2 q_3 + r_3, & 0 &< r_3 < r_2, \\ &\cdots\cdots \\ &\cdots\cdots \\ r_{n-2} &= r_{n-1} q_n + r_n, & 0 &< r_n < r_{n-1}, \\ r_{n-1} &= r_n q_{n+1} \end{aligned}$$

とする．（余りは単調減少ですからついには 0 に達する．）このとき，r_n は a, b の最大公約数である．"

証明の目標は $r_n = ax + by$ となるような整数 x, y を求めることです．そのためには，上の過程を行列を用いて表すとわかりやすく便利です．

まず $a = bq_1 + r_1$ は

$$\begin{pmatrix} a \\ b \end{pmatrix} = \begin{pmatrix} q_1 & 1 \\ 1 & 0 \end{pmatrix} \begin{pmatrix} b \\ r_1 \end{pmatrix}$$

と書かれます．同様に $b = r_1 q_2 + r_2$ は

$$\begin{pmatrix} b \\ r_1 \end{pmatrix} = \begin{pmatrix} q_2 & 1 \\ 1 & 0 \end{pmatrix} \begin{pmatrix} r_1 \\ r_2 \end{pmatrix}$$

です．両者を結びつければ

$$\begin{pmatrix} a \\ b \end{pmatrix} = \begin{pmatrix} q_1 & 1 \\ 1 & 0 \end{pmatrix} \begin{pmatrix} q_2 & 1 \\ 1 & 0 \end{pmatrix} \begin{pmatrix} r_1 \\ r_2 \end{pmatrix}$$

になります．ここまでですでに式の規則性は明らかでしょう．したがってこの

計算を続ければ

(2) $$\begin{pmatrix} a \\ b \end{pmatrix} = \begin{pmatrix} q_1 & 1 \\ 1 & 0 \end{pmatrix} \begin{pmatrix} q_2 & 1 \\ 1 & 0 \end{pmatrix} \cdots \begin{pmatrix} q_n & 1 \\ 1 & 0 \end{pmatrix} \begin{pmatrix} r_{n-1} \\ r_n \end{pmatrix}$$

が得られることは容易にわかります．

さて，各行列

$$\begin{pmatrix} q_i & 1 \\ 1 & 0 \end{pmatrix}$$

の行列式は $= -1 (\neq 0)$ ですから逆行列をもちます．そこで

$$\begin{pmatrix} q_1 & 0 \\ 1 & 1 \end{pmatrix}^{-1}, \begin{pmatrix} q_2 & 1 \\ 1 & 0 \end{pmatrix}^{-1}, \cdots, \begin{pmatrix} q_n & 1 \\ 1 & 0 \end{pmatrix}^{-1}$$

を(2)の左から順にかければ

$$\begin{pmatrix} q_n & 1 \\ 1 & 0 \end{pmatrix}^{-1} \cdots \begin{pmatrix} q_2 & 1 \\ 1 & 0 \end{pmatrix}^{-1} \begin{pmatrix} q_1 & 1 \\ 1 & 0 \end{pmatrix}^{-1} \begin{pmatrix} a \\ b \end{pmatrix} = \begin{pmatrix} r_{n-1} \\ r_n \end{pmatrix}$$

です．

$$\begin{pmatrix} q_n & 1 \\ 1 & 0 \end{pmatrix}^{-1} \cdots \begin{pmatrix} q_2 & 1 \\ 1 & 0 \end{pmatrix}^{-1} \begin{pmatrix} q_1 & 1 \\ 1 & 0 \end{pmatrix}^{-1} = \begin{pmatrix} u & v \\ x & y \end{pmatrix}$$

と書けば

$$\begin{pmatrix} u & v \\ x & y \end{pmatrix} \begin{pmatrix} a \\ b \end{pmatrix} = \begin{pmatrix} r_{n-1} \\ r_n \end{pmatrix}$$

で，したがってこの x, y により

$$ax + by = r_n$$

となります．

例 $87x + 51y = 3$ の整数解を求めましょう．

$$\begin{aligned}
87 &= 51 \cdot 1 + 36 \quad & q_1 &= 1, \ r_1 = 36 \\
51 &= 36 \cdot 1 + 15 \quad & q_2 &= 1, \ r_2 = 15 \\
36 &= 15 \cdot 2 + 6 \quad & q_3 &= 2, \ r_3 = 6 \\
15 &= 6 \cdot 2 + 3 \quad & q_4 &= 2, \ r_4 = 3 \\
6 &= 3 \cdot 2 &
\end{aligned}$$

ですから，87と51の最大公約数は3であり，与えられた方程式は整数解をもちます．この場合(2)は

$$\begin{pmatrix} 87 \\ 51 \end{pmatrix} = \begin{pmatrix} 1 & 1 \\ 1 & 0 \end{pmatrix} \begin{pmatrix} 1 & 1 \\ 1 & 0 \end{pmatrix} \begin{pmatrix} 2 & 1 \\ 1 & 0 \end{pmatrix} \begin{pmatrix} 2 & 1 \\ 1 & 0 \end{pmatrix} \begin{pmatrix} 6 \\ 3 \end{pmatrix}$$

で，したがって

$$\begin{pmatrix} 2 & 1 \\ 1 & 0 \end{pmatrix}^{-1} \begin{pmatrix} 2 & 1 \\ 1 & 0 \end{pmatrix}^{-1} \begin{pmatrix} 1 & 1 \\ 1 & 0 \end{pmatrix}^{-1}$$
$$\times \begin{pmatrix} 1 & 1 \\ 1 & 0 \end{pmatrix}^{-1} \begin{pmatrix} 1 & 1 \\ 1 & 0 \end{pmatrix}^{-1} \begin{pmatrix} 87 \\ 51 \end{pmatrix} = \begin{pmatrix} 6 \\ 3 \end{pmatrix}$$

です．この左辺を

$$\begin{pmatrix} 2 & 1 \\ 1 & 0 \end{pmatrix}^{-1} = \begin{pmatrix} 0 & 1 \\ 1 & -2 \end{pmatrix}, \begin{pmatrix} 1 & 1 \\ 1 & 0 \end{pmatrix}^{-1} = \begin{pmatrix} 0 & 1 \\ 1 & -1 \end{pmatrix}$$

を用いて計算すれば

$$\begin{pmatrix} 3 & -5 \\ -7 & 12 \end{pmatrix} \begin{pmatrix} 87 \\ 51 \end{pmatrix} = \begin{pmatrix} 6 \\ 3 \end{pmatrix}, 87 \cdot (-7) + 51 \cdot 12 = 3 \text{ となり，解 } x = -7, y = 12 \text{ が得られました．}$$

3. n を与えられた正の整数とします．$a, b \in \mathbf{Z}$（整数の集合）に対し，$n \mid a-b$ のとき

$$a \equiv b \pmod{n}$$

と書き，n を法として（あるいは mod n で）a は b に合同である，といいます．このことはまた，'a を n で割った余りと，b を n で割った余りは等しい' といい表すことができます．

この合同記号は，ふつうの等号＝とよく似た性質をもっています．すなわち
（反射律）　$a \equiv a \pmod{n}$,
（対称律）　$a \equiv b \pmod{n}$ ならば　$b \equiv a \pmod{n}$,
（推移律）　$a \equiv b, b \equiv c \pmod{n}$ ならば　$a \equiv c \pmod{n}$.
これら3律を，同値律と総称します．

mod n で a に合同な整数全体を

$$(a; \text{mod } n)$$

と書き，（mod n に関し）a の属する剰余類（あるいは合同類）といいます．このとき，$a \equiv b (\text{mod } n)$ ならば $(a; \text{mod } n) = (b; \text{mod } n)$ であり，$a \not\equiv b (\text{mod } n)$ ならば $(a; \text{mod } n) \neq (b; \text{mod } n)$ です．そうして整数の全体 Z は，mod n に関してちょうど n 個の互いに交わらない，剰余類にわけられます：

$$Z = (0; \text{mod } n) \cup (1; \text{mod } n) \cup \cdots\cdots \cup (n-1; \text{mod } n).$$

（これらのことは，合同記号が同値律を満たすことからの帰結です．）

たとえば，$n = 7$ とすれば，Z は 7 個の剰余類

$$(0; \text{mod} 7) = \{\cdots, -7, 0, 7, 14, \cdots\}$$
$$(1; \text{mod} 7) = \{\cdots, -6, 1, 8, 15, \cdots\}$$
$$(2; \text{mod} 7) = \{\cdots, -5, 2, 9, 16, \cdots\}$$
$$(3; \text{mod} 7) = \{\cdots, -4, 3, 10, 17, \cdots\}$$
$$(4; \text{mod} 7) = \{\cdots, -3, 4, 11, 18, \cdots\}$$
$$(5; \text{mod} 7) = \{\cdots, -2, 5, 12, 19, \cdots\}$$
$$(6; \text{mod} 7) = \{\cdots, -1, 6, 13, 20, \cdots\}$$

にわけられます．

合同記号の四則算法は次の通りです：

（ⅰ）$a \equiv b, c \equiv d (\text{mod } n)$ ならば

$$a \pm c \equiv b \pm d (\text{mod } n), \ ac \equiv bd (\text{mod } n)$$

（辺々相加えること，相減ずること，相乗ずることができる）

（ⅱ）$ac \equiv bc (\text{mod } n)$，かつ c と n が互いに素ならば

$$a \equiv b (\text{mod } n).$$

ここで（ⅱ）の条件 'c と n が互いに素' は，ふつうの等号に対する割り算の規則

'$ac = bc$，かつ $c \neq 0$ ならば $a = b$'

における条件 $c \neq 0$ に対応するものと心得ればよいでしょう．

ふつうの等号についての方程式の場合，このような規則の下で，移項などの演算を行ない解くわけですが，'合同'に関する方程式を解く場合も，( )，(ⅱ)を活用することになります．

$\mod n$ に関する n 個の剰余類の集合 $R(n)$ に，和，積を

$$(a\,;\mod n)+(b\,;\mod n)=(a+b\,;\mod n)$$
$$(a\,;\mod n)\cdot(b\,;\mod n)=(ab\,;\mod n)$$

により定義することができます．（well-defined であること，すなわち，各類に属する数のとり方によらないことを見なければなりません．）$R(n)$ はこの和，積に関し，乗法に関する単位元をもつ可換環になります．加法に関する単位元は $(0\,;\mod n)$，乗法に関する単位元は $(1\,;\mod n)$ です．この場合，n が素数でないならば $R(n)$ には零因子が存在します．たとえば，$n=6$ とすれば，

$$(2\,;\mod 6)\cdot(3\,;\mod 6)=(6\,;\mod 6)$$
$$=(0\,;\mod 6)$$

で，$(2\,;\mod 6)$, $(3\,;\mod 6)$ は零因子です．

環といえば，第2回で強調したように'逆元の存在と求め方'が問題になります．すなわち，与えられた a に対し

(3) $\qquad (x\,;\mod n)\cdot(a\,;\mod n)=(1\,;\mod n)$

となるような整数 x の存在条件と求め方ですね．

(3)を合同記号で表せば

(4) $\qquad\qquad\qquad ax\equiv 1\,(\mod n)$

を満たす x を求めること，さらに等号に書き変えれば，ディオファンタス方程式

(5) $\qquad\qquad\qquad ax+ny=1$

は解をもつか，もてばそれを求めよということになります．ところですでに述べたように

'(5)は整数解 x, y をもつ $\Leftrightarrow a$ と n の最大公約数は1'

が成り立ちますから，結局

$$(a; \mathrm{mod}\, n)\text{の逆元は存在} \Leftrightarrow a \text{と} n \text{の最大公約数は} 1$$

となります．しかも，(5)の整数解の求め方はすでに述べてあります．

4． '合同'の世界では

$$a \text{と} n \text{の最大公約数が} 1 \text{ならば } a^{\varphi(n)} \equiv 1 \pmod{n}$$

という見事な定理が成り立ちます．$\varphi(n)$ はすでにおなじみのオイラーの関数 (n より小で，n との最大公約数が 1 である自然数の個数) です．

これはフェルマ・オイラーの定理とよばれ，数論において極めて重要かつ有用です．

この定理によれば，合同方程式(4)の解はただちに (といっても a あるいは n が大きいときには計算に手間がかかります) 得られます．すなわち定理を

(6) $$a \cdot a^{\varphi(n)-1} \equiv 1 \pmod{n}$$

と，書きかえてみれば，あきらかに

$$x = a^{\varphi(n)-1}$$

は(4)の解ですね．もっと一般に，a と n の最大公約数が 1 のとき

$$ax \equiv b \pmod{n}$$

の解は，(6)の両辺に b をかければ

$$a \cdot a^{\varphi(n)-1} b \equiv b \pmod{n}$$

ですから，$x = a^{\varphi(n)-1} b$ です．

例
$$17x \equiv 1 \pmod{29}$$

を考えましょう．17 と 29 の最大公約数は 1 ですから解は存在します．$\varphi(29) = 28$ですから

$$x = 17^{\varphi(n)-1} = 17^{27} \equiv 12 \pmod{29}$$

が解です．

フェルマ・オイラーの定理は，何回かあとで詳しく扱う予定にしています．

5.

ディオファンタス方程式(1)を考えましょう．もしそれが整数解 $x, y, \cdots, z$ をもてば，任意の自然数 n に対して合同方程式

(7) $$f(x, y, \cdots, z) \equiv 0 \pmod{n}$$

は解をもちます．これは当然のことですね．この対偶命題として

　'ある n に対して(7)が解をもたないならば，
　　　ディオファンタス方程式(1)は解をもたない'

が成り立ちます．このことを利用して，ある種のディオファンタス方程式が整数解をもたないことを証明しましょう．

その前に注意をふたつ：n が与えられたとき合同方程式(7)を解くには，$x, y, \cdots, z$ のそれぞれに，$\bmod n$ の n 個の剰余類に属する数，たとえば $0, 1, 2, \cdots, n-1$ を代入して $\equiv 0 \pmod{n}$ になるかどうかを見ればよいのです．したがって有限回の手続きで解があるかないかを判定することができます．たとえば $x^2 \equiv 1 \pmod{7}$ についていえば，$x = 0, 1, 2, 3, 4, 5, 6$ とおいて（ただ 7 回の手続き）$x = 1, 6$ が得られます．

また，任意の n に対して(7)が解をもっても，ディオファンタス方程式(1)が解をもつとは限りません．

例 $x^2 + y^2 = 31$ は整数解をもたないことを証明しましょう．上述のことから，そのためには

$$x^2 + y^2 \equiv 31 \equiv 3 \pmod{4}$$

が解をもたないことをいえばよいのです．

$\bmod 4$ では $x \equiv 0, 1, 2, 3$ ですから

$$x^2 \equiv 0, 1 \pmod{4}$$

になります．y^2 もそうです．したがって

$$x^2 + y^2 \equiv 0, 1, 2 \pmod{4}$$

であり，$x^2+y^2 \equiv 3 \pmod 4$ となることはありません．

この例の右辺 31 は，実は解がないように仕組んだものです．m を与えられた自然数とするとき，$x^2+y^2=m$ が整数解をもつかどうかという問題を次のように深めることができます：

'$x^2+y^2=m$ が整数解をもつような m は何か'．

上の例のように考えれば

$$x^2 \equiv 0, 1, \quad y^2 \equiv 0, 1 \pmod 4$$

で，(x, y) は mod 4 で $(0, 0)$，$(0, 1)$，$(1, 0)$，$(1, 1)$ の型になります．$(0, 0)$，$(1, 1)$ の型では $m \equiv 0, 2 \pmod 4$ となり，m は偶数でなければなりません．

簡単のため，$m = p(\neq 2)$ を素数としましょう．そうすれば $x^2+y^2=p$ に解があるならば $p \equiv 1 \pmod 4$ でなければなりません．（解 (x, y) は mod 4 で $(0, 1)$，$(1, 0)$ です．）そうして逆に '$p \equiv 1 \pmod 4$，p：素数，ならば $x^2+y^2=p$ は整数解をもつ' ことが知られています．

例　$15x^2-2y^2=4$ は整数解をもたないことをみましょう．そのため，mod 5 で考えます．方程式は mod 5 では

$$-2y^2 \equiv 4 \pmod 5$$

となります．$y=0, 1, 2, 3, 4$ とおけば，この合同方程式に解がないことがわかります．mod 5 で解をもたないので，もとのディオファンタス方程式にも解はありません．

問 1　$142x+402y=13$ の整数解があれば，それを求めなさい．
問 2　$2x^3+y^2=93$ は整数解をもたないことを証明しなさい．
問 3　$(7 ; \bmod 24)$ の逆元を求めなさい．

5. 合同の世界をのぞく

1. 前回フェルマ・オイラーの定理

$$'(a, n) = 1 \text{ ならば}$$
$$a^{\varphi(n)} \equiv 1 \pmod{n}'$$

を証明なしに用いました．念のため，(a, n)はaとnの最大公約数，$\varphi(n)$はオイラーの関数です．$(a, n) = 1$のとき，aとnは互いに素である，といいます．

今回はまずこの定理の証明のポイントを説明することから始めましょう．そのために，$\bmod n$の既約剰余類という概念を導入します．

$\bmod n$の各剰余類を

$$(i : \bmod n) \quad i = 0, 1, 2, \cdots, n-1$$

と表しました．これら剰余類のうち，$(i, n) = 1$であるものを，$\bmod n$の既約（剰余）類といいます．（$(i, n) = 1$ならば，類$(i : \bmod n)$に属するどの数も，nと互いに素です．）$\varphi(n)$の定義と照らし合わせれば，$\bmod n$の既約類の個数は$\varphi(n)$であることがわかります．

たとえば，$n = 12$ならば，$\bmod 12$の剰余類は

$$(i : \bmod 12) \quad i = 0, 1, \cdots, 11$$

の12個ですが，そのうち

① $\quad (1 : \bmod 12), (5 : \bmod 12), (7 : \bmod 12), (11 : \bmod 12)$

の4個が$\bmod 12$の既約類です．（$\varphi(12) = \varphi(3) \cdot \varphi(4) = 4$．）

なお$\bmod 12$で考えます．$a = 5$は，たしかに12と互いに素です．この5を①の各類にかけると，それぞれ順に

$$(5 \cdot 1 : \bmod 12),$$
$$(5 \cdot 5 : \bmod 12) = (1 : \bmod 12)$$
$$(5 \cdot 7 : \bmod 12) = (11 : \bmod 12),$$
$$(5 \cdot 11 : \bmod 12) = (7 : \bmod 12)$$

となり，順序こそ違え，全体として同じ類が並びます．したがって，
$$(5 \cdot 1)(5 \cdot 5)(5 \cdot 7)(5 \cdot 1) \equiv 1 \cdot 5 \cdot 7 \cdot 11 \pmod{12}$$
であり，$1 \cdot 5 \cdot 7 \cdot 11$ は 12 と互いに素ですから，それで両辺を割れば
$$5^4 \equiv 1 \pmod{12}, \quad 4 = \varphi(12)$$
が得られます．a として，12 と互いに素などんな数をとっても同様です．これが $n = 12$ の場合のフェルマ・オイラーの定理です．

以上の考えのエッセンスは，
$$(j : \bmod n) \quad j = 1, 2, \cdots, \varphi(n)$$
を mod n の既約類全体とすれば，$(a, n) = 1$ ならば
$$(aj : \bmod n) \quad j = 1, 2, \cdots, \varphi(n)$$
も mod n の既約類全体になることです．これがわかれば，一般の n について証明を述べることは，全く上の場合と同様です．

とくに，$n = p$ を素数とすれば，定理は次のように述べられます：

'p が素数で $(p, a) = 1$ ならば

② $$a^{p-1} \equiv 1 \pmod{p}\text{'}$$

これがフェルマ・オイラーの定理のフェルマの部分です．

ここで，素数 p に対しては $(p, a) = 1$ と $p \nmid a$ とは同値であることを注意しておきましょう．

残念ながら，②の逆は成り立ちません．すなわち，

③ '$(a, n) = 1$ であるすべての $a (<n)$ に対して
$$a^{n-1} \equiv 1 \pmod{n}\text{'}$$
であっても，n が素数であるとは限りません．③を満たす n はカーマイケル数とよばれています．（例 561, 2821, 15841.）

しかし②の対偶，

'n と互いに素なある数 a に対して

$$a^{n-1} \not\equiv 1 \pmod{n}$$

ならば，n は素数ではない'

は素数でないことの判定に対しなかなか有用です．

素数に関する話題については，回を改めて紹介します．

2. 以下，$n = p$ を素数とし，フェルマの定理を考えましょう．

これは複素数の世界における 1 の m 乗根，すなわち

'$x^m - 1 = 0$ ($x^m = 1$) の解'

と似ています．もっとも，そこでは m 乗して 1 となる x を考えるわけですが，$\bmod p$ の世界では，$p-1$ 乗すれば必ず 1 になる，ところが違いますが．

このように似ている対象があれば，一方に存在する概念を他方にうつしかえてみる，すなわち類似を追求することは有力な研究手段です．

1 の m 乗根は m 個あり，

$$\zeta_k = e^{\frac{2\pi i k}{m}} \quad k = 0, 1, \cdots, m-1$$

で与えられます．このうち，$(k, m) \neq 1$ である k に対しては，ζ_k は m 乗でなく，m より小さい整数乗ですでに 1 になります．$(k, m) = 1$ である k に対しては，ζ_k は m 乗してはじめて 1 になります．このような ζ_k を 1 の原始 m 乗根といいます．したがって 1 の原始 m 乗根は，全部で $\varphi(m)$ 個あります．

たとえば $m = 4$ としましょう．1 の 4 乗根全体は

$$\begin{array}{cccc} e^{\frac{2\pi i \cdot 0}{4}} = 1, & e^{\frac{2\pi i \cdot 1}{4}} = i, & e^{\frac{2\pi i \cdot 2}{4}} = -1, & e^{\frac{2\pi i \cdot 3}{4}} = -i \\ (k = 0) & (k = 1) & (k = 2) & (k = 3) \end{array}$$

の 4 個で，

$(k, 4) \neq 1$ である $k = 0, 2$ に対しては，0 乗，2 乗ですでに 1，

$(k, 4) = 1$ である $k = 1, 3$ に対しては，4 乗してはじめて 1

になっています．すなわち，1 の原始 4 乗根は，$k = 1, 3$ に対するもの，すなわち $i, -i$ の 2 個です．

この原始根の概念を，$\mod p$（p：素数）の世界にうつすことができます．すなわち，g を $p-1$ 乗してはじめて
$$g^{p-1} \equiv 1 \pmod{p}$$
となるとき，g は $\mod p$ の原始根とよばれます．（実際，$\mod p$ の原始根は存在します．実は，$n = 2, 4, p^j, 2p^j$（$p \neq 2$：素数）のとき，かつそのときに限り $\mod n$ の原始根が存在します．）

例1．$p = 7$ とすれば，
$$2^1 = 2,\ 2^2 = 4,\ 2^3 = 8 \equiv 1$$
$$3^1 = 3,\ 3^2 = 9 \equiv 2,\ 3^3 \equiv 6,\ 3^4 \equiv 18 \equiv 4,$$
$$3^5 \equiv 12 \equiv 5,\ 3^6 \equiv 15 \equiv 1$$
ですから，3 は $\mod 7$ の原始根で，2 はそうではありません．

例2．$n = 12$ とすると，$\mod 12$ の既約類は $\{i : \mod 12\}$, $i = 1, 5, 7, 11$．しかし $5^2 \equiv 1,\ 7^2 \equiv 1,\ 11^2 \equiv 1 \pmod{12}$ ですから $\mod 12$ の原始根は存在しません．原始根の役割は何でしょうか．

g を $\mod p$ の原始根とすれば，$\mod p$ の既約類は

④ $\qquad\qquad (g^i : \mod p)\quad i = 1, 2, \cdots, p-1$

で与えられます．これは，$\mod p$ の既約類はどれも g のべきになっていることを意味します．すなわち，

'$(p, a) = 1$ ならば，ある b が存在して

⑤ $\qquad\qquad g^b \equiv a \pmod{p}$'．

このことは次のように証明されます：$\mod p$ の既約類は $p-1$ 個あります．④は（はじめは見かけ上）$p-1$ 個あります．あとは，それら $p-1$ 個が実際に，$\mod p$ に関して非合同であること，すなわち

⑥ $\qquad\qquad g^b \equiv g^c \pmod{p},\quad 1 \leq b, c \leq p-1$

ならば $b = c$ であることを見ればよいのです．実際，⑥より
$$g^{b-c} \equiv 1 \pmod{p}$$
が得られますが，g は原始根，すなわち $p-1$ 乗してはじめて $\equiv 1$ になるのですから，

⑦ $$p-1 \mid b-c.$$
しかし，b, c の大きさより $b = c$ でなければなりません．

これで⑤の証明は終ったのですが，念のため⑦を証明しておきましょう．記号をあらためて，
⑧ $$g^k \equiv 1 \pmod{p} \text{ ならば } p-1 \mid k$$
を証明します．

$k \geq p-1$ ですから $k = (p-1)q + r,\ 0 \leq r < p-1$，と書かれます．
そうすれば
$$g^k = g^{(p-1)q+r} = (g^{p-1})^q \cdot g^r \equiv g^r \equiv 1 \pmod{p}$$
ですが，g は原始根ですから，$r = 0$ でなければなりません．それは，$p-1 \mid k$ を意味します．

3． さらに実数の世界と，mod p の世界の類似をさぐりましょう．
よく知られたように
⑨ $$a = 10^b \quad (a < 0, -\infty < b < \infty)$$
のとき，
⑩ $$b = \log_{10} a$$
と書き，10 を底として b は a の対数である，といいます．このとき，
⑪ $$\log_{10}(a_1 \cdot a_2) = \log_{10} a_1 + \log_{10} a_2$$
$$\log_{10} a^k = k \log_{10} a$$
が成り立ちます．

さて⑨は⑤とよく似ています．（ただし，⑨の場合，a, b 等は実数ですが，⑤の場合は a, b は整数です．）そこで⑤が成り立つとき，
$$b \equiv \mathrm{Ind}_g(a) \pmod{p-1}$$
と書き，g を底として，b は a の示数（index）である，といいます．ここで
$$g^b \equiv g^{b'} \pmod{p} \quad (b, b' には制限なし)$$
ならば，$b \equiv b' \pmod{p-1}$（⑧の証明参照）ですから，$\mathrm{Ind}_g(a)$ は mod $p-1$ で定まります．

このとき，⑪と同様

（ⅰ）　$\mathrm{Ind}_g(a_1 \cdot a_2) \equiv \mathrm{Ind}_g(a_1) + \mathrm{Ind}_g(a_2) \pmod{p-1}$

（ⅱ）　$\mathrm{Ind}_g(a^k) \equiv k\,\mathrm{Ind}_g(a) \pmod{p-1}$　（k：整数）

が成り立ちます．

証明　（ⅰ）　$\mathrm{Ind}(a_1 a_2) \equiv x,\ \mathrm{Ind}_g(a_1) \equiv x_1,\ \mathrm{Ind}_g(a_2) \equiv x_2 \pmod{p-1}$
とすると，定義より

$$a_1 a_2 \equiv g^x,\ a_1 \equiv g^{x_1},\ a_2 \equiv g^{x_2} \pmod{p}$$

です．よって

$$g^{x_1} g^{x_2} = g^{x_1+x_2} \equiv a_1 a_2 \equiv g^x \pmod{p}$$

ですから，やはり定義より

$$x \equiv x_1 + x_2 \pmod{p-1}$$

です．すなわち

$$\mathrm{Ind}_g(a_1 a_2) \equiv \mathrm{Ind}_g(a_1) + \mathrm{Ind}_g(a_2) \pmod{p-1}.$$

（ⅱ）の証明も同様で詳しくは読者にまかせます．

　要するに，示数は，合同の世界における'対数'にほかありませんが，$\mathrm{mod}\,p, \mathrm{mod}\,p-1$ に注意して下さい．

例 3．　$p=7$ のとき $g=3$ ととることができます．

a	1	2	3	4	5	6	$\mathrm{mod}\,7$
$\mathrm{Ind}_3 a$	0	2	1	4	5	3	$\mathrm{mod}\,6$

この表は，$\mathrm{mod}\,7$ で

$$3^0 \equiv 1,\ 3^1 \equiv 3,\ 3^2 \equiv 2,\ 3^3 \equiv 6,\ 3^4 \equiv 4,\ 3^5 \equiv 5$$

が成り立つことから得られます．

例 4．　ふたたび $p=7$ とします．今度は原始根 $g=5$ をとりましょう．

a	1	2	3	4	5	6	$\mathrm{mod}\,7$
$\mathrm{Ind}_5 a$	0	4	5	2	1	3	$\mathrm{mod}\,6$

（$5^0 \equiv 1,\ 5^1 \equiv 5,\ 5^2 \equiv 4,\ 5^3 \equiv 6,\ 5^4 \equiv 2,\ 5^5 \equiv 3 \pmod{7}$）

例 5．　$p=11$．2 は $\mathrm{mod}\,11$ の原始根です．

a	1	2	3	4	5	6	7	8	9	10	$\mathrm{mod}\,11$
$\mathrm{Ind}_2 a$	0	1	8	2	4	9	7	3	6	5	$\mathrm{mod}\,10$

4. 示数の考えを用いて

$$x^n \equiv a \pmod{p}$$

のような'$\mod p$ に関する n 次の2項合同方程式'を解くことを考えましょう．そのために，前回述べた1次合同式の解法を次のように拡張しておきます．

'$(a, n) = d$ とする．そのとき，

⑫ $$ax \equiv b \pmod{n}$$

が解をもつための必要十分条件は，$d \mid b$ である．そして解があれば解は $\mod n$ に関して d 個存在する．'

証明 ⑫が解 x をもてばある整数 k を用いて

$$ax = b + nk$$

と書くことができます．$d \mid ax, d \mid nk$ ですから，$d \mid b$．

逆に $d \mid b$ とします．$a = a'd, b = b'd, n = n'd$ と書き⑫の両辺を d で割れば

⑬ $$a'x \equiv b' \pmod{n'}$$

となります．$(a', n') = 1$ ですから⑬は解 $(\mod n')$ をもちます．それを x_0 とします．⑬の解は⑫の解ですから，

$$x_1 = x_0 + n't_1, \quad x_2 = x_0 + n't_2$$

とおいたとき，いつ⑫の異なる解 $(\mod n)$ が与えられるかを見ましょう．

$$x_1 - x_2 = n'(t_1 - t_2) \equiv 0 \pmod{n}$$

とすれば，n' で割って

$$t_1 - t_2 \equiv 0 \pmod{d}$$

が得られます．逆にこうならば x_1, x_2 は⑫の同じ解 $(\mod n)$ を与えます．これで $x = x_0 + n't$ において t の値として，$\mod d$ に関する異なる値，たとえば

$$t = 0, 1, 2, \cdots, d-1$$

を与えれば，⑫の異なる解 $(\mod n)$ がすべて得られることかわかりました．

さて実際にいくつかの2項合同方程式を解いて見ましょう．

例6． $x^2 \equiv 5 \pmod 7$ を考えます．この Ind_3 を考えると，性質（ ）より

$$2\,\text{Ind}_3(x) \equiv \text{Ind}_3(5) \pmod{6}$$

となります．例3の表よりこれは，$X = \text{Ind}_3(x)$ に関する1次合同式

⑭ $$2X \equiv 5 \pmod{6}$$

にほかなりません．しかし $(2,6)=2$, $2 \nmid 5$ ですから上記定理により⑭の解は存在しません．したがって，$x^2 \equiv 5 \pmod 7$ も解をもちません．

　もっともこの例のように次数および mod が小さければ，x に mod 7 のいろいろな値を与えて合同式が成り立つかどうか，直接に調べた方がはやいでしょう．

　例7．$x^7 \equiv 4 \pmod{11}$ を考えます．Ind_2 をとれば1次合同式
$$7\,\mathrm{Ind}_2 x \equiv \mathrm{Ind}_2 4 \pmod{10}$$
が得られます．例5の表より，これは
$$7\,\mathrm{Ind}_2 x \equiv 2 \pmod{10}$$
です．よって，解
$$\mathrm{Ind}_2 x \equiv 6 \pmod{10}$$
が得られますが，例5の表を下から上にひくと
$$x \equiv 9 \pmod{11}$$
です．

　例8．$x^6 \equiv 5 \pmod{11}$ の Ind_2 をとって
$$6\,\mathrm{Ind}_2 x \equiv \mathrm{Ind}_2(5) \pmod{10}$$
ですが，例5の表より
⑮ $\qquad\qquad 6\,\mathrm{Ind}_2 x \equiv 4 \pmod{10}$

ここで $(6,10)=2$, $2 \mid 4$ ですから，この1次合同式は2つの解 (mod 10) をもちます．⑮の両辺を2で割れば
$$3\,\mathrm{Ind}_2 x \equiv 2 \pmod 5$$
で，この解は，$\mathrm{Ind}_2 x \equiv 4 \pmod 5$ です．これから⑮の2つの解
$$\mathrm{Ind}_2 x \equiv 4,\; \mathrm{Ind}_2 x \equiv 4+5 \equiv 9 \pmod{10}$$
が得られます．例5の表を，下から上にひけば，問題の合同式の2つの解
$$x \equiv 5, 6 \pmod{11}$$
が得られます．

問1　Ind_g の性質（　）を証明しなさい．

問2　例4の表を利用して，次の各合同式を解きなさい．

（1）$x^5 \equiv 3 \pmod 7$　　　　（2）$6x^3 \equiv 4 \pmod 7$

6. 因数分解をしてみよう

1. 今まで素数, 合成数という言葉をわかっているものとして使っていたのですが, 念のためここで定義をしておきましょう.

正の整数全体を Z^+ と書きます. 与えられた $a, b \in Z^+$ に対し
$$a = bc$$
を満たす $c \in Z^+$ が存在するとき, b は a の約数である, a は b の倍数であるといい, $b \mid a$ と書きました.

$Z^+ \cup \{0\}$ (すなわち, 0 または正の整数全体) を, 約数の個数という立場から次のように分類することができます.

(ⅰ) 無限に多くの約数をもつ,
(ⅱ) 3個以上の約数をもつ,
(ⅲ) ちょうど2個の約数をもつ,
(ⅳ) ちょうど1個の約数をもつ.

(ⅰ)の型の数は 0 だけ, (ⅳ)の型の数は 1 だけです. (ⅲ)の型の数を素数といい, (ⅱ)の型の数を合成数とよびます.

もっとも, 1 を素数に組み入れる数学者がいます. その立場を貫けば, それはそれでいいのですが, その場合, 素数 p に関する命題, 定理などで, 'p は 1 でない素数とする……' という但し書きをしばしばつけることになるでしょう. それは面倒だという面倒派と, そんなことは '何でもない' 派に分かれるわけですが, 大勢は面倒派です. 私も面倒派です.

2. 素数が定義されたのですから, 与えられた正の整数 n が素数なのかどうか知りたい, というのは自然な欲求です. しかし, 素数 (であるかないかの) 判定は, むずかしい問題です. 与えられた数を素因数分解するのはさらにさら

に難しい問題です．素朴な確実な素数判定および素因数分解法としては，小さい素数から順に割り算を行うという試行錯誤法があります．しかし n が極めて大きいと，このような計算を続けるにはコンピュータでさえ長年月を要します．'こうすれば判定できる'ということはわかっているのですが，実行するにはとてつもなく時間がかかる，というわけです．実際，100 年間コンピュータを動かして，素数かどうかがわかるとしても，本人には何の意味もありません．そこで，素数判定のポイントは，いかにこの手数を省力化できるかにあるといえます．

ひとつの省力化として素数 2 からはじめて，素数 $3, 5, 7, \cdots$ で n を割って行くとき，$n = ab$ ならば，a, b のどちらかは，$\leq \sqrt{n}$ ですから，$\sqrt{n}$ をこえない素数までの割り算で試行錯誤法をやめることができます．しかし n が大きい場合，これはそうたいした省力化ではありません．

自動車のプレート・ナンバーは 4 桁ですから，そのナンバーが素数かどうかを見るには，せいぜい 100 までの 24 個の素数による割り算をすればよいのです．2 や 5 で割り切れるかどうかは一目でわかります．3 で割り切れるかどうかは，各位の数字の和が 3 で割り切れるかどうかでわかります．余り熱中してしまうと危険ですが，運転しているときなど，目の前を行く車のナンバーが素数かどうか計算してみる（もちろん，暗算！）のは，結構気ばらし，眠気ざましになります．

そのうち，上達して自分なりの簡便計算法など工夫できるのではないでしょうか．

素数判定に役立つ定理はないものか，と初等整数論を見渡すと，n が素数であるための必要十分条件を与えるものは，ウィルソンの定理ぐらいしか思いつきません．

'ウィルソンの定理．$n > 1$ が素数であるための必要十分条件は

$$(n-1)! \equiv -1 \pmod{n}$$

が成り立つことである！'

この定理によれば，$(n-1)! + 1$ が n で割り切れるかどうかをみればよいので

すが，ここでもまた，時間の壁が立ちはだかります．n が大きいと，$(n-1)!$ はとてつもなく大きい．そんな大きな数を扱うには，うまい処理方法があれば（あるいは考えつけば）ともかく，それまでは'あきらめ'でしょう．

試行錯誤法によらない素数判定法のひとつにガウスの和（第 18 回 L-関数の値，参照）を利用するアドレマン-ルメリー法があります．これについては和田秀男著；コンピュータと素因子分解（遊星社）をごらんください．

3. 特別な形の数の素数判定について説明します．ひとつはメルセンヌ（1588-1648）数とよばれるもので

$$M_n = 2^n - 1 \quad n \in Z^+$$

の形をした数です．

M_n はいつ素数となるでしょうか．まず，$2^{ab}-1 = (2^a)^b - 1$ は 2^a-1 で割り切れますから，n が合成数ならば M_n も合成数です．したがって，M_n が素数ならば，n は素数です．そうすると，素数 p に対して，M_p はいつ素数になるか，が問題になります．このとき，次のすばらしい定理が成り立ちます．

'ルカス（Lucas, 1842-1891）の定理：$r_1 = 4$, $r_{m+1} = r_m^2 - 2$ により数列 $\{r_m\}$ を定義すれば，M_p が素数であるとき，かつそのときに限り $M_p | r_{p-1}$ である'

実際，ルカス自身この定理により M_{127} が素数であることを発見しました．（1876 年）

この定理のおもしろさ，あるいは奇妙さ，に御注意下さい．M_p が素数であることを，M_p に割り算を施すことなく，M_p で M_p に無関係に定義された他のあるものを割ることにより判定するわけです．したがって M_p の約数がわからずともそれが合成数であることがわかり得るのです．たとえば，多くの $p \geq 257$ に対して，合成数である M_p の素因数はわかっていないようです．

例　$r_1 = 4$, $r_2 = 14$, $r_3 = 194$, $r_4 = 37634, \cdots$, $M_3 = 7$, $M_5 = 31$ ，で，$M_3 | r_2$，$M_5 | r_4$ になっています．

M_p は巨大素数を生み出すことで特に興味深い数ですが，それは上述のルカ

スの定理のおかげです．今まで知られていない大きな素数を発見しようという素数レースは現在も激しく続けられているようです．そして最大素数（次回とり上げるつもりですが，素数は無限に多く存在します．最大素数とは，その時点で発見されている素数のうち最大のものという意味です．）の記録はほとんどメルセンヌ素数により占められています．（メルセンヌ素数でない，現在知られている最大の素数は 1985 年に発見された $217833 \times 10^{7150} + 1$ です．）1978 年，当時カリフォルニアの高校生だった 2 人組ニケル嬢とノル君は，3 年にわたる努力のすえ，素数 $M_{21,701}$ を発見しました．この 2 人組のうちのノル君は 1979 年にも素数 $M_{23,209}$ を発見し，最大素数記録をぬりかえています．その後，この高速コンピュータの時代に'旧聞も旧聞'に属するということになりかねませんが，素数 $M_{216,091}$（65,050 桁）が 1987 年に発見されていることを付け加えておきます．

　もうひとつの特別な型の数は，フェルマ数

$$F_n = 2^{2^n} + 1 \quad (n \in \mathbf{Z}^+ \cup \{0\})$$

です． $F_0 = 3$, $F_1 = 5$, $F_2 = 17$, $F_3 = 257$, $F_4 = 65{,}537$ はみな素数です．フェルマはすべての n に対し F_n は素数であろう，と予想したのですが，$F_5 = 4{,}294{,}967{,}297$ が合成数であることをオイラーが証明しました．その後，F_n が素数であるかどうかの探索が続けられていますが，$n \fallingdotseq 10{,}000$ あたりまで，上記以外の素数 F_n は見つかっていないようです．また永い間 F_{20} が素数かどうかわからなかったのですが，1987 年に次に述べるペパンの定理により合成数であることが示されました．現在ではフェルマとは逆に，$n \geq 5$ ならば F_n はすべて合成数であろうと予想されています．

　F_n についても次のような定理が成り立ちます．

　　'ペパンの定理：$n \geq 1$ とする．F_n が素数であるための必要十分条件は

$$F_n \mid 3^{\frac{F_n - 1}{2}} + 1$$

　　である．'

ペパンの定理も F_n が他の数（ここでは F_n に関係していますが）を割り切るかどうかにより，判定を行っています．したがって，やはり F_n の約数はわからなくてもそれが合成数であることがわかるという，一見奇妙な事態が生ずるのです．

実際，合成数 F_{14}, F_{20} の素因数はわかっていません．

例　　　　$F_2 = 17, 3^{\frac{F_n-1}{2}} + 1 = 6562 = 17 \times 386..$

（F_3 以上になると，私のポケコンでは手に負えません．）

フェルマ素数は，'円周の n 等分' という作図問題（コンパスを用いて円をえがくこと，定規を用いて 2 点を結ぶ直線をひくこと，のみを許して図をえがく）に関係しているところが興味深いのです．

'円周の n 等分を作図することができるための必要十分条件は，

$$n = 2^k F_a F_b \cdots F_c$$

である'（ガウス）．

ここで，$F_a, F_b, \cdots, F_c$ は異なるフェルマ素数を意味します．

4.

さて，与えられた $n \in \mathbf{Z}^+$ を素因数分解することを考えましょう．手はじめに，F_5 が合成数であることを発見したオイラーの考えを辿ってみます．

$$F_5 = 2^{2^5} + 1$$

を割る奇素数を p とします（$p \neq 2$ は明らかです）．そうすれば

$$2^{2^5} + 1 \equiv 0 \text{ すなわち } 2^{2^5} \equiv -1 \pmod{p}$$

が成り立ちます．平方して

$$2^{2^6} \equiv 1 \pmod{p}.$$

よってフェルマの定理をにらんで

$$2^6 \mid p-1$$

とおいてみます．したがって
$$p = 1 + 2^6 t$$
と書かれます．ここで，$t=1,2,\cdots$ と動かして $1+2^6 t$ が素数になるものを求めますと

$$\begin{aligned}
t &= 3, \quad 1+2^6 \cdot 3 = 193, \\
t &= 4, \quad 1+2^6 \cdot 4 = 257 = F_3. \\
t &= 7, \quad 1+2^6 \cdot 7 = 449, \\
t &= 9, \quad 1+2^6 \cdot 9 = 577 \\
t &= 10, \quad 1+2^6 \cdot 10 = 641, \cdots\cdots
\end{aligned}$$

となります．これらの素数で実際 F_5 が割り切れるかどうか，計算すると，
$$F_5 = 641 \times 6700417$$
がわかります．

5．上述のオイラーの考えは，フェルマの定理
'p を素数とすれば，$(a, p) = 1$ である任意の a に対して
$$a^{p-1} \equiv 1 \pmod{p}$$
が成り立つ．'
の応用です．

　n の素因数分解を与える方法には，レンストラ法（楕円曲線を用いる），連分数法，2次ふるい法などありますが，ここではフェルマの定理を活用するポラード法（$p-1$法ともいう）を紹介しましょう．しかし前にも述べたように，どの方法も'試行錯誤法'の省力化であり，いずれも
　'このデータで計算してみよ．うまく行けばそれぞれの約数がみつかる．みつ
　　からなければデータを変更して計算をやり直せ'
というものです．

　$n \geq 2$ を与えられた合成数とします．
　n が合成数であることの判定には，フェルマ・オイラーの定理の対偶
　　'ある a，$(a, n) = 1$，に対して

$$a^{n-1} \not\equiv 1 \pmod{n}$$

ならば n は合成数である'
を用います.

以下, k は, 小さい素数の, 小さい指数べきである整数です. それには, たとえば, ある $K \in \mathbf{Z}^+$ に対して

$$k \text{ を } 1, 2, 3, \cdots, K \text{ の最小公倍数}$$

ととればよいでしょう. また今までと同様, (a, n) は a と n の最大公約数です.

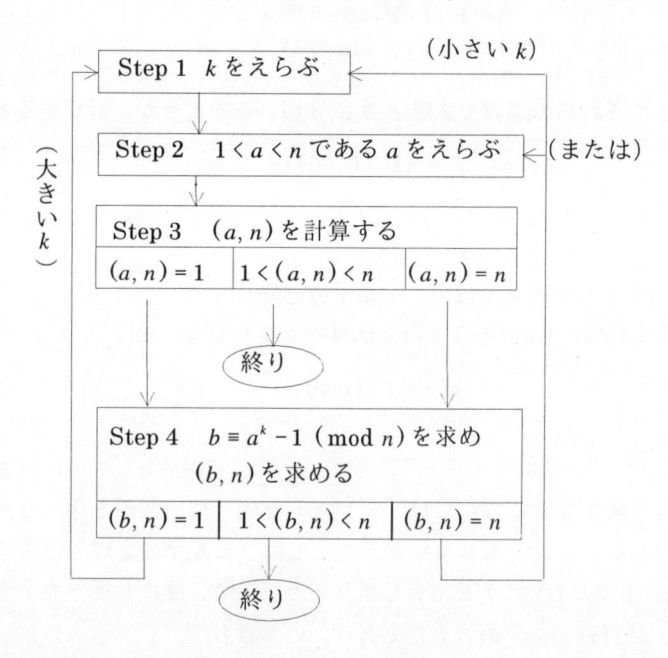

```
                            (小さい k)
  ┌──→ Step 1   k をえらぶ ←──────────┐
  │                                    │
  │    Step 2   1 < a < n である a をえらぶ ←─ (または)
(大                                    │
 き   Step 3   (a, n) を計算する       │
 い   ┌─────────┬──────────────┬──────┐│
 k)   │(a,n)=1  │ 1<(a,n)<n   │(a,n)=n││
      └────┬────┴──────┬───────┴───┬──┘│
           │           ↓           │   │
           │         ( 終り )       │   │
           ↓                       │   │
      Step 4   b ≡ a^k - 1 (mod n) を求め
               (b, n) を求める
      ┌─────────┬──────────────┬──────┐
      │(b,n)=1  │ 1<(b,n)<n   │(b,n)=n│
      └────┬────┴──────┬───────┴───┬──┘
           │           ↓           │
           │         ( 終り )       │
           └───────────────────────┘
```

以上がポラード法の流れ図です. 天下り的なところがありますが, ここでは詳しい説明は割愛します.

上の図に対する注意, 補足を列挙します.

1. (または) とあるところは, どちらの流れに乗ってもよいことです.
2. (小さい k), (大きい k) はそのように k の値をとり直すことです.

3. 最大公約数を求めるには，ユークリッドの互除法を用います．
4. 2箇所に'終り'とありますが，それぞれ，$(a, n), (b, n)$ が n の真の約数です．この場合，n は，$= (a, n) \cdot m$ または $= (b, n) \cdot l$ のように 2 数の積に分解されるわけで，それら 2 数に，ふたたびポラード法を適用して行きます．
5. Step 4 について．もし幸いにも n が $p-1 \mid k$ である素因数 p をもてば，フェルマ・オイラーにより

$$a^k \equiv 1 \pmod{p}$$

が成り立ちます．よって，

$$p \mid (a^k - 1, n)$$

であり，$(a^k - 1, n)$ がどんな値になるかを見る価値があります．
$(a^k - 1, n) = 1$ ならば，上のような p はありません．そのときは k をとりかえて $(a^k - 1, n)$ を計算するわけです．$(a^k - 1, n) = n$ ならば，n の約数はみつからないので，k あるいは a を変更してみよ，というわけです．
6. 同じく Step 4 で，$a^k \pmod{n}$ の計算を効率よく行うには，2 進法で計算します．すなわち k を 2 進法で

$$k = a_0 + a_1 \cdot 2 + a_2 \cdot 2^2 + \cdots + a_m \cdot 2^m$$

と表します．ここで，a_i は 0 または 1 です．そのとき，

$$2^k = 2^{a_0} \cdot 2^{a_1 2} \cdot 2^{a_2 2^2} \cdot \cdots \cdot 2^{a_m 2^m}$$

ですから，$2^{2^i} \pmod{n}$ $(i = 0, 1, \cdots, m)$ をあらかじめ用意しておけば，
2^k が計算できます．ここのポイントは mod n で計算すればよいところにあります．

実は上の流れ図にある計算など，コンピュータ（たとえばマテマティカのようなソフトウェア）を使えば，相当大きな n, k でない限り，直ちに答えが得られます．しかしここでは，ポケコンで処理できるような n について計算してみましょう．

例　$n = 2369$

i	0	1	2	3	4	5	6
$2^{2^i} \pmod{2369}$	2	4	16	256	1573	1093	673

（ⅰ）　$k = 26 = 2^1 + 2^3 + 2^4$

$$2^{26} = 2^{2^1} \cdot 2^{2^3} \cdot 2^{2^4} \equiv 4 \cdot 256 \cdot 1573 \equiv 2201 \pmod{2369}$$

（ⅱ）　$k = 51 = 2^0 + 2^1 + 2^4 + 2^5$

$$2^{51} = 2^{2^0} \cdot 2^{2^1} \cdot 2^{2^4} \cdot 2^{2^5}$$
$$\equiv 2 \cdot 4 \cdot 1573 \cdot 1093 \equiv 2267 \pmod{2369}$$

例　$n = 2369$ を流れ図のアルゴリズムにしたがい，因数分解しましょう．

(1)　$2^{n-1} = 2^{2368} = 2^{26} \cdot 2^{37}$ ⊛

　　37の2進展開を利用して

$$⊛ = 2^{2^6} \cdot 2^{2^0} \cdot 2^{2^2} \cdot 2^{2^5} \equiv 2201 \cdot 2 \cdot 16 \cdot 1093$$
$$\equiv 1521 \pmod{2369}$$

がわかります．$\neq 1$ですから，フェルマ・オイラーの定理（の対偶）により n は合成数です．

(2)　$a = 2$ ととります．　$(2, n) = 1$

(3)　Step 4

　　$k = 26$ とします．$2^{26} - 1 \equiv 2200 \pmod{2369}$ ですから，$b = 2200$，このとき $(b, n) = 1$ です．

　　（このことは，$2200 = 2^5 \cdot 5^2 \cdot 11$ よりすぐわかります．こんな都合のよいことは，そうやたらにはありません．一般には，ユークリッドの互除法を用いればよいと思います．マテマティカなら一発です．）

(4)　Step 1 にもどり，k を大きくし，$k = 51$ ととってみます．

　　$2^{51} - 1 \equiv 2266 \pmod{2369}$ ですから $b = 2266$．

　　このとき $(b, n) = (2266, 2369) = 103$ が，幸いにもすぐわかります．
　　（ユークリッドの互除法で2回の割り算）．

ゆえに 103 は 2369 の約数で，割り算を実行して

$$2369 = 103 \cdot 23.$$

103, 23 は素数ですから，これが 2369 の素因数分解です．

この例では幸運にも 2 度の手間（Step 1 には 1 回しかもどっていない）で終りましたが，一般にはそうは問屋はおろしません．

ポラード法では

$$a^k \pmod{n}$$

を計算します．k が大きいときはなかなか大変です．私見によれば，その点の改良を志したのが，楕円曲線を用いるレンストラ法です．興味のある読者は，少くともこの名前だけは頭の片すみに入れておいて下さい．（以上，和田秀男著：コンピュータと素因子分解，遊星社，ウェルズ著（芦ケ原・滝沢訳）数の事典：東京図書，のお世話になりました．また同僚の大槻真氏に計算を手伝っていただきました．）

7. 素数は無限に多くある

1. 今回は素数をとりあげます.

素数を小さい方からもれなくかぞえあげるもっとも素朴な方法に'エラトステネスのふるい'があります. それは自然数を 1, 2, 3, … と書き並べ, つぎつぎに素数でないものをふるい落し, 素数のみを残して行く方法です.

まず 1 は素数でないからふるい落します. 残りの数のうち最小数 2 は素数です. つぎに 2 の倍数をすべてふるい落します. そうすると残った数のうちの最小数 (>2) 3 は素数です. 今度は 3 の倍数をすべてふるい落します. 残った数のうちの最小数 (>3) 5 は素数です.

$$1, \quad 2, \quad 3, \quad \not{4}, \quad 5, \quad \not{6}, \quad 7, \quad \not{8}, \quad \not{9}, \quad \not{10},$$
$$11, \quad \not{12}, \quad 13, \quad \not{14}, \quad \not{15}, \quad \not{16}, \quad 17, \quad \not{18}, \quad 19, \quad \not{20},$$
$$\not{21}, \quad \not{22}, \quad 23, \quad \not{24}, \quad \not{25}, \quad \not{26}, \quad \not{27}, \quad \not{28}, \quad 29, \quad \not{30},$$
$$31, \quad \cdots$$

以下同様.

手間はたいへんかかりますが, 確実です. 'もっとも素朴' と, 書きましたが現在のところ最良の方法といってよいと思います. エラトステネス (B.C.284〜204?) は, ユークリッドより少しあと, アルキメデスと同時代の人で, 地球の子午線長を測定したことでも知られています. そのユークリッドは

(E) '素数は無限に多く存在する'

ことを証明しました, 現在, 'ユークリッドの素数定理' とよばれています. それは, 人類の宝といわれる 'ユークリッドの原論' 第 9 巻, 命題 20 に次のように述べられています.

'定められた個数の素数を $A, B, \varGamma$ とせよ. $A, B, \varGamma$ より多い個数の

素数があると主張する．'

　ここで定められた個数の A, B, Γ というのは，間に…を入れて，$A, B, \cdots, \Gamma$ と考えるべきでしょう．

　ついでに素数の定義は，第 7 巻，定義 12 で与えられており，また同じく第 7 巻には，'ユークリッドの互除法' が扱われています．

　ユークリッド自身の証明は，やや現在流にいえば次のようになります．

　　'$A \cdot B \cdot \Gamma + 1$ を考えよ．それは A でも，B でも，Γ でも割り切れない．それが素数ならば A, B, Γ 以外の素数である．$A \cdot B \cdot \Gamma + 1$ が合成数ならばある素数 H で割り切れる．H は A, B, Γ と異なる．何故ならば，もし H がそれらの 1 つと同じならば H は $A \cdot B \cdot \Gamma$ を割り切り，したがって 1 を割り切ることになり不合理である．よって定められた個数の $A \cdot B \cdot \Gamma$ より多い個数の素数 A, B, Γ, H が見いだされた．これが証明すべきことであった．'

　余談ですが，最後の一句はQ.E.D.と書くところです．それはラテン語のquod erat demonstrandum の略ですが，数学者スタークは 'quite easily done' の略だ，としゃれています．

　初項 a，公差 d の等差数列

$$S(a, d): a, a+d, a+2d, \cdots, a+nd, \cdots$$

を考えましょう．

　$(a, d) = m > 1$ ならば $S(a, d)$ の各項は m で割り切れます．したがって $S(a, d)$ の中には m 以外の素数は現れません．しかし，

(D) '$(a, d) = 1$ ならば $S(a, d)$ の中には無限に多くの素数が存在する'

ことが知られています．自然数全体は $S(1, 1)$ ですから，(E) は (D) の特別な場合です．(D)をはじめて証明したのはディリクレで，彼にちなんで(D)は 'ディリクレの素数定理' とよばれています．

　ディリクレの証明は，今日 'ディリクレ級数' の名でよばれる

$$D(s) = \sum_{n=1}^{\infty} \frac{a_n}{n^s}$$

を用いるものです．

自然数は数直線上ポツ，ポツと並んでいます．ましてや素数はさらにポツ，ポツしています．それに連続変数の関数 $D(s)$ がどのように役に立つのでしょうか．もう故人ですが，大数学者ジーゲルは'数論に解析的手段を用いるのは自然である，'といっていますが，ともあれ，$D(s)$ の数論への登場が，解析的整数論とよばれる極めて魅力あるおもしろい分野のはじまり，といえます．

　今回はディリクレによる(D)の証明は割愛せざるを得ませんが，それをしのばせる方法を(E)に適用することを目標に，(E)のいろいろな証明を紹介しましょう．

2. まず，(E)に対するユークリッドの証明は，一般には(D)には通用しないことを説明します．ユークリッドの証明は，'素数が有限個しかないとすれば矛盾に導かれる'という，いわゆる帰謬法（背理法）です．ついでに'背理'は'理に背（そむ）く'わけで，名前がぴったりしません．'謬（あやまり）に帰する'方がよいと思います．

　2以外の素数はすべて奇数です．奇数全体は $\mathrm{mod}\, 4$ で1に合同なもの，すなわち $S(1,4)$，と $\mathrm{mod}\, 4$ で3に合同なもの，すなわち $S(3,4)$，に分類されます．$S(1,4)$ と $S(3,4)$ を合わせて，無限に多くの素数が存在するわけですから，理論的に

　（ⅰ）$S(1,4)$ に無限個の素数があるが，$S(3,4)$ には有限個しかない，

　（ⅱ）$S(3,4)$ に無限個の素数があるが，$S(1,4)$ には有限個しかない，

　（ⅲ）$S(1,4)$ にも $S(3,4)$ にも無限に多くの素数がある

の3通りが考えられますが，(D)は（ⅲ）の場合だけが起ることを主張しています．

　$S(3,4)$ の中に無限に多くの素数が存在することを，ユークリッド流に証明しましょう．目標は次の通り：

　（Ⅰ）'$S(3,4)$ に含まれる定められた個数の素数を $A, B, \varGamma$ とせよ．

　　　$A, B, \varGamma$ より多い個数の素数が $S(3,4)$ に含まれることを主張する．'

　今度は

　（＊）　　　　　　　　$4(A\cdot B\cdot \varGamma)-1$

を考えます．それはAでもBでもΓでも割り切れません．もし（＊）が素数ならば，それはA, B, Γ以外の$S(3, 4)$に属する素数です．（＊）が合成数ならば（＊）を割る素数Hがあります．証明のポイントは，このHが$S(3, 4)$からとれるところにあります．すなわち

(#) '$4n-1$の形の数を割る素数の中に，必ず$4n-1$の形のものがある'

が成り立ちます．（何故ならば，$4n+1$の形の数の積は$4n+1$の形であるからです．）そうすればA, B, Γ, Hは与えられた個数より多い個数の，$S(3, 4)$に含まれる素数です．

同様の方法で

（II）'$S(1, 4)$に含まれる定まった個数の素数をA, B, Γとせよ．

A, B, Γより多い個数の素数が$S(1, 4)$に含まれることを主張する'

を証明することはできません．それは，（I）の証明のポイントである（#）に対応することが成り立たないからです．すなわち，$4n+1$の形の数を割る素数が$4n-1$の形であることが可能です．したがって，上記（I）の証明を（＊）の代りに$4(A \cdot B \cdot \Gamma)+1$を用いて辿るとき，$H$が$S(1, 4)$からとれることが証明できないのです．

したがって，（II）を証明するためには，何等か他の方法を考えなければなりません．

3. ユークリッドの素数定理(E)の別証明を紹介しましょう．
(1) フェルマ数

$$F_n = 2^{2^n} + 1$$

にはすでに触れました．これについて

'$k > 0$ ならば$(F_n, F_{n+k}) = 1$'

が成り立ちます．すなわち，異なるフェルマ数は，互いに素（すなわち，最大公約数は1）であるというわけです．

このことがわかれば，F_1を割る素数，F_2を割る素数，…，F_nを割る素数はすべて異なる奇素数です（F_nは奇数，したがってその素因数は奇）．よってF_n

より大きくない少くとも n 個の奇素数が存在します.

ついでに,このことから,小さい方からかぞえて第 n 番目の素数を p_n とすれば,偶数の素数 2 を勘定に入れて

$$p_{n+1} \leq F_n = 2^{2^n} + 1$$

がわかります.

(2) $2, 3, \cdots, p_j$ を最初の j 個の素数とします. x を自然数とし, $N(x)$ を, p_j より大きいどんな素数でも割り切れない $n \leq x$ の個数とします.したがつて

(ㅂ) $$n = 2^{a_1} \cdot 3^{a_2} \cdots p_j^{a_j}$$

と書くことができます.そこで平方因子をもたない m により

$$n = n_1^2 \cdot m, \quad m = 2^{b_1} 3^{b_2} \cdots p_j^{b_j}$$

と書けば,各 b_i は 0 か 1 です.このような $(b_1, b_2, \cdots, b_j)$ のとり方は, 2^j 通りあります.すなわち, m の可能性は高々 2^j 通りです.そして

$$n_1 \leq \sqrt{n} \leq \sqrt{x}$$

ですから n_1 は高々, $\sqrt{x}$ 通りしかありません.ゆえに,

$$N(x) \leq 2^j \sqrt{x}$$

が成り立ちます.

今,素数は有限個しかないとし,それらを $2, 3, \cdots, p_j$ とすれば,それらより大きな素数はありません.したがって $n \leq x$ である n はすべて (ㅂ) の形をしていますから $N(x) = x$ です.ゆえに,

$$x \leq 2^j \sqrt{x} \quad \text{すなわち} \quad x \leq 2^{2j}$$

がどんな x に対しても成り立つことになり,あらかじめ $x \geq 2^{2j}+1$ としておけば矛盾です.

(3) 一般に,正の実数 x をこえない素数の個数を $\pi(x)$ と書く習慣です.このとき,

$$\pi(x) \geq \frac{\log x}{2\log 2} \quad (x \geq 1)$$

であることを，証明しましょう．これがいえれば右辺は x とともに限りなく大きくなるわけですから $\pi(x)$ もそうであり，(E)が証明されます．

$x = n$ が自然数の場合の証明は次の通りです．

$j = \pi(n)$ とすれば $p_{j+1} > n$ ですから n より小さな自然数は $2, 3, \cdots, p_j$ でのみ割り切れます．したがって $N(n) = n$ です．（この N は(2)で用いました．）よって

$$n = N(n) \leq 2^{\pi(n)}\sqrt{n}$$

すなわち

$$2^{\pi(n)} \geq \sqrt{n}$$

が成り立ちます．この両辺の対数をとればよろしい．

(4) せっかく $\pi(n)$ が登場したのですから，(3)の評価よりは劣るのですが，

$$\pi(n) > \log\log n \quad (n > 1)$$

が成り立つことを証明しましょう．そのためにまず(1)で得られた不等式よりやや強い

(＊＊) $$p_n \leq 2^{2^{n-1}}$$

を，ユークリッドの考えを用いて証明します．ここでもちろん p_n は第 n 番目の素数です．

$n = 1$ ならば $p_1 = 2$, $2^{2^{n-1}} = 2$ ですから（＊＊）は成り立ちます．そこで $k = 1, \cdots, n$ に対して（＊＊）が成り立つ，すなわち

$$p_k \leq 2^{2^{k-1}}$$

が成り立つと仮定しましょう．

$N = p_1 \cdots p_n + 1$ とおくと，N を割り，$p_1, \cdots, p_n$ とは異なる最小の素数 p が存在します．そのとき，

$$p > p_1, \cdots, p_n \quad \text{で} \quad p \geq p_{n+1}$$

です．帰納法の仮定により

$$p_{n+1} \leq p_1 \cdots p_n + 1 \leq 2^{2^0+2^1+\cdots+2^{n-1}} + 1$$

したがって

$$p_{n+1} \leq 2 \cdot 2^{2^0+2^1+\cdots+2^{n-1}} = 2^{2^n}.$$

これで(＊＊)が証明されました．（これは，内容的にはユークリッドの証明です．）

自然数全体を，$2^{2^0}, 2^{2^1}, 2^{2^2}, \cdots$ に切れ目を入れて分割します．各自然数 $n \geq 2$ は，どこかの区間に含まれますから，

$$2^{2^{k-1}} \leq n < 2^{2^k}$$

となる k が存在します．k 番目の素数は $\leq 2^{2^{k-1}}$ ですから

$$k \leq \pi(2^{2^{k-1}}) \leq \pi(n)$$

で，

$$n < 2^{2^k} < e^{e^k}$$

より，

$$\log\log n < k$$

これと2つ上の不等式より

$$\log\log n < \pi(n)$$

がいえました．

4． さて，いよいよ(E)のディリクレ流解析的証明を与えるために，ディリクレ級数

$$\zeta(s) = \sum_{n=1}^{\infty} \frac{1}{n^s} \quad s > 1$$

を登場させましょう．

実は $\zeta(s)$ は複素変数 s に対して定義されます．そのときは，（s の実部）＞

1に対して収束します．念のため，正の実数 α の複素数乗 α^s とは
$$\alpha^s = e^{s\log\alpha}$$
のことです．さらに，x, y を実数とするとき，
$$e^{x+iy} = e^x e^{iy}, \quad e^{iy} = \cos y + i\sin y$$
と定義されます．

　s を複素変数としたとき，素数の分布に関して深く $\zeta(s)$ を研究したリーマンにちなみ，$\zeta(s)$ はリーマン・ゼータ関数とよばれています．しかし，いまは s は実数変数で十分です．

　(E)のひとつの証明は，$\zeta(s)$ のオイラー積表示
$$\zeta(s) = \prod_p (1-p^{-s})^{-1} \quad s > 1$$
から得られます．右辺の積は，すべての素数 p にわたります．

　このオイラー積表示は，実は整数論の基本定理

　'$n > 1$ はいくつかの素数のべきの積
$$n = p_1^{e_1} p_2^{e_2} \cdots p_k^{e_k} \quad e_i \in \mathbf{Z}, \, e_i > 0$$
として，右辺の積の順序を除いて一意的に表される'

と同値です．ここで，'積の順序を除いて一意的'とは，たとえば
$$2^2 \cdot 3 \cdot 5^3, \quad 3 \cdot 2^2 \cdot 5^3, \quad 5^3 \cdot 2^2 \cdot 3$$
は同じものとみなすことをいいます．

　オイラー積と，基本定理の同値性は
$$\frac{1}{1-x} = 1 + x + x^2 + \cdots + x^n + \cdots, \quad |x| < 1$$
から得られる
$$\frac{1}{1-p^{-s}} = 1 + \frac{1}{p^s} + \frac{1}{p^{2s}} + \cdots + \frac{1}{p^{ns}} + \cdots$$
および

$$\prod_{j=1}^{k}\frac{1}{1-p_j^{-s}} = \sum_{e_1,\cdots,e_k}\frac{1}{p_1^{e_1 s}p_2^{e_2 s}\cdots p_k^{e_k s}}$$

を考え合わせればわかります。和は各 e_i について 0 から ∞ にわたります。

オイラー積表示では，'すべての p' にわたる積ですが，この場合，素数 p が無限に多くあるかどうかには無関係です．整数論の基本定理は，素数が有限個しかなかろうと，無限に多くあろうとどちらでもかまいません．

一方，

$$\lim_{\substack{s\to 1\\ s>1}}\zeta(s) = \infty$$

が証明されます．これはよく知られた事実，調和級数

$$1+\frac{1}{2}+\frac{1}{3}+\cdots+\frac{1}{n}+\cdots$$

は発散する，ことからの帰結です．

さて，素数は有限個しかないと仮定します．そのとき，オイラー積は有限積であり，したがって $s\to 1$ のとき，ある定まった数値をとります．しかし，左辺は $s>1, s\to 1$ のとき ∞ に発散し，矛盾です．

ここで目標であったディリクレ流の(E)の証明を紹介しましょう．それは

$$\sum_{\text{すべての}p}\frac{1}{p} \text{ は } \infty \text{ に発散する}$$

ことを証明するものです．このことがいえれば，もし素数 p が有限個しかなければ和は有限和であり ∞ に発散することはありません．それゆえ，素数は無限に多くなければなりません．

やはり $\zeta(s)$ のオイラー積を用います．両辺の対数をとり，さらに

$$\log\zeta(s) = \sum_p \log\frac{1}{1-p^{-s}} \overset{\circledast}{=} \sum_p\sum_{n=1}^{\infty}\frac{p^{-ns}}{n}$$

$$= \sum_p p^{-s} + \sum_p\sum_{n=2}^{\infty}\frac{p^{-ns}}{n}$$

と変形します．ここで $\sum_p$ はすべての素数 p にわたる和です．上の $\circledast$ のところ

では $\log\dfrac{1}{1-x} = \sum_{n=1}^{\infty}\dfrac{x^n}{n}$, $|x|<1$, を用いました. これは

$$\dfrac{1}{1-x} = \sum_{n=0}^{\infty} x^n$$

を積分することより得られます.

まず上の等式から

(ЬЬ) $$\sum_p p^{-s} < \log\zeta(s)$$

が得られます. つぎに

(##) $$\log\zeta(s) - 2 < \sum_p p^{-s}$$

を導きましょう. これがいえれば(ЬЬ)と合わせて

$$\log\zeta(s) - 2 < \sum_p p^{-s} < \log\zeta(s)$$

で, $s>1, s\to 1$ とすれば $\log\zeta(s) \to \infty$ ですから

$$s>1, s\to 1 \text{ のとき } \sum_p p^{-s} \to \infty$$

がいえます. Q.E.D.

さて(##)の証明ですが,

$$\sum_p \sum_{n=2}^{\infty} \dfrac{p^{-ns}}{n} < \dfrac{1}{2}\sum_p \sum_{n=2}^{\infty} p^{-ns} \quad \left(\because\ \dfrac{1}{n} \leq \dfrac{1}{2}\right)$$
$$= \dfrac{1}{2}\sum_p p^{-2s}\sum_{n=0}^{\infty} p^{-ns}$$
$$< \dfrac{1}{2}\sum_p p^{-2s}\sum_{n=0}^{\infty} 2^{-ns} < \dfrac{1}{2}\sum_p p^{-2}\sum_{n=0}^{\infty} 2^{-n}$$

と変形すると

$$\sum_{n=0}^{\infty} 2^{-n} = 2$$

($\because\ \sum_{n=0}^{\infty} 2^{-n}$ は初項 1, 公比 $\dfrac{1}{2}$ の等比級数)

ですから

$$\sum_p \sum_{n=2}^\infty \frac{p^{-ns}}{n} < \sum_p p^{-2} < \sum_{n=1}^\infty n^{-2}$$

がいえます．そして

$$\begin{aligned}
\sum_{n=1}^\infty n^{-2} &= \frac{1}{1^2} + \frac{1}{2^2} + \frac{1}{3^2} + \cdots + \frac{1}{n^2} + \cdots \\
&< \frac{1}{1^2} + \frac{1}{1 \cdot 2} + \frac{1}{2 \cdot 3} + \cdots \\
&= 1 + \sum_{n=1}^\infty \frac{1}{n(n+1)} = 1 + \sum_{n=1}^\infty \left(\frac{1}{n} - \frac{1}{n+1} \right) \\
&= 2
\end{aligned}$$

ですから

$$\log \zeta(s) < \sum_p p^{-s} + 2$$

が得られます．

(D)の解析的証明は，上述の(E)の最後の証明と似て

$$\text{`}\sum_{p \in S(a, d)} \frac{1}{p} \text{ は∞に発散する'} \quad ((a, d) = 1)$$

ことを証明するものです．

5. 素数が無限に多く存在することはわかりました．そうすると，その無限個の素数が自然数の中にどのような規則で並んでいるのか，が問題になります．

これについて

$$\lim_{x \to \infty} \frac{\pi(x)}{\frac{x}{\log x}} = 1$$

が成り立つことが知られています．この事実はガウスにより予想され，1896年（ガウス以後約 100 年）にアダマールおよびヴァレー・プサンにより，独立に証明されました．現在，'素数定理' とよばれています．

これはつまり，x が大きければ，$\pi(x)$ (x をこえない素数の個数) の値は $\dfrac{x}{\log x}$

と似ているということです。

　さて，リーマンのゼータ関数 $\zeta(s)$（s は複素変数）は，$\text{Re}\, s$（s の実部）>1 に対して定義されますが，複素数 s 全体に解析接続（定義域を拡大する）されます．ただし，

$$\zeta(s) = \sum_{n=1}^{\infty} \frac{1}{n^s}$$

の右辺が，そのまま成り立つということではありません．その接続された $\zeta(s)$ に対し

$$\zeta(-2n) = 0 \quad (n = 1, 2, 3, \cdots)$$

が証明されます．これらを $\zeta(s)$ の自明な0点とよびます．このとき，

"$\zeta(s)$ の自明でない0点は，すべて直線 $\text{Re}\, s = \frac{1}{2}$ 上に並ぶ"

がリーマン予想で，フェルマ予想が解決された現在，もっとも大物の未解決の予想です．この予想は，きんさん，ぎんさんより20ほど年上です．リーマンの1859年の論文に，2，3行触れられただけですが，数学に与えた影響は測り知れないほど大きいものです．

　リーマン予想が証明されれば，たとえば素数の分布について精密な結果が得られることがわかっています．

　リーマン予想の正しさを疑う数学者はいないようです．

　何十年か前に，次のような小説を読んだことをおぼえています．（話の筋道など違っているかもしれませんが，さわりの部分は間違っていないと思います．）

　'若妻の夫 A は数学者で，数学の研究にばかりうちこみ，かまってくれない．（註．現実ばなれしています．）そこでメフィストフェレス（悪魔）に，夫が数学をあきらめるようにして欲しいとたのんだ（註．例によって魂がその代価なのかは忘れました．）そこで悪魔は A に，今疑問に思っていることを解決してやる，そうしたら数学をやめろ，といった．A は'リーマン予想の証明'を依頼した．何週間かたって，悪魔はやせおとろえてやって来た．'すぐ解けると思ったがだめだ．実は X 星まで行って来た．X 星では，複雑な微分方程

式など暗算で解けるぐらい数学が発達している．（註：ここらへん，はっきりおぼえています．暗算で解けることが発達していることにはなりません．小指で将棋を指しても勝つほど強い，といったらお笑い草です．）そこできいてもわからないのだ．いっしょに考えようではないか．'

Boys and girls, be ambitious!

諸君，リーマン城攻略に参加しようではありませんか．

問1 $k>0$ ならば $(F_n, F_{n+k})=1$ であることを証明しなさい．（ここで，F_n はフェルマ数です．）

問2 $\lim_{\substack{s \to 1 \\ s>1}} \zeta(s) = \infty$ をきっちりと証明しなさい．

8．ベルヌーイ数は欲張り

1. 第3回でベルヌーイ数 B_n を導入しました．それは

(1.1)
$$\frac{t}{e^t-1} = \sum_{n=0}^{\infty} \frac{B_n t^n}{n!}$$
$$= B_0 + B_1 t + \frac{B_2}{2!}t^2 + \cdots$$

により定義される有理数です．

今回は，B_n が欲張りで

$$1^k + 2^k + \cdots + n^k,$$

にも

$$\frac{1}{1^k} + \frac{1}{2^k} + \cdots + \frac{1}{n^k} + \cdots$$

にも顔を出すことを説明します．

昔から，1から n までの自然数の和，それらの平方数の和，$\cdots$ を n の簡単な式で表すことが考えられて来ました．k, n を自然数とし，

$$S_k(n) = 1^k + 2^k + \cdots + n^k$$

とおきます．$k=1$ に対しては $S_1(n)$ は

$$\begin{array}{rl} S_1(n) = & 1 \;\;+\;\; 2 \;\;+\cdots+ (n-1) + \;\; n \\ +)\;\; S_1(n) = & n \;\;+(n-1)+\cdots+ \;\; 2 \;\;+\;\; 1 \\ \hline 2S_1(n) = & (n+1)+(n+1)+\cdots+(n+1)+(n+1) \\ = & n(n+1) \\ S_1(n) = & \dfrac{1}{2}n(n+1) \end{array}$$

と計算されます．このような，$S_1(n)$ を正順と逆順に並べて加える，という操作は，いろいろな場面でよく使われますが，$k \geq 2$ に対してはうまく行きません．ふつうは次のように計算します：

$$(x+1)^3 - x^3 = 3x^2 + 3x + 1$$

において，$x = 1, 2, 3, \cdots, n$ とおいた式を縦に並べ，縦に加えると

$$\begin{aligned}
2^3 - 1^3 &= 3 \cdot 1^2 + 3 \cdot 1 + 1 \\
3^3 - 2^3 &= 3 \cdot 2^2 + 3 \cdot 2 + 1 \\
&\cdots\cdots\cdots \\
+)\quad (n+1)^3 - n^3 &= 3 \cdot n^2 + 3 \cdot n + 1 \\
\hline
(n+1)^3 - 1 &= 3S_2(n) + 3S_1(n) + n
\end{aligned}$$

が得られます．$S_1(n)$ はすでにわかっていますから，それを代入し計算すれば

$$S_2(n) = \frac{1}{6} n(n+1)(2n+1)$$

となります．

この方法は，$S_i(n), i = 1, 2, \cdots, k-1$，が計算されたとして，$S_k(n)$ を求めるためにも用いられます：2項定理により

$$(x+1)^{k+1} - x^k = \binom{k+1}{1} x^k + \binom{k+1}{2} x^{k-1} + \cdots + \binom{k+1}{k} x + 1$$

ですから，$x = 1, 2, \cdots, n$ とおいた式を縦に並べ，縦に加えると

$$\begin{aligned}
2^{k+1} - 1^{k+1} &= \binom{k+1}{1} \cdot 1^k + \binom{k+1}{2} \cdot 1^{k-1} + \cdots + \binom{k+1}{k} \cdot 1 + 1 \\
3^{k+1} - 2^{k+1} &= \binom{k+1}{1} \cdot 2^k + \binom{k+1}{2} \cdot 2^{k-1} + \cdots + \binom{k+1}{k} \cdot 2 + 1 \\
&\cdots\cdots\cdots \\
(n+1)^{k+1} - n^{k+1} &= \binom{k+1}{1} n^k + \binom{k+1}{2} n^{k-1} + \cdots + \binom{k+1}{k} n + 1 \\
+)& \\
\hline
(n+1)^{k+1} - 1 &= \binom{k+1}{1} S_k(n) + \binom{k+1}{2} S_{k-1}(n) + \cdots + \binom{k+1}{k} S_1(n) + n
\end{aligned}$$

ですから，$S_k(n)$ を求めることができます．

ここで $\binom{n}{k}$ は 2 項係数とよばれますが，${}_nC_k$ とも書かれます．すなわち，'n 個から k 個とる組み合せの数' で，

$$\binom{n}{k} = \frac{n!}{k!(n-k)!}, \quad (0! = 1)$$

が成り立ちます．

ついでに，$S_2(n)$ については次のような求め方もあります：

$$\sum_{k=1}^{m}(2k-1) = 2\sum_{k=1}^{m} k - m = m(m+1) - m = m^2$$

を用いて，

$$S_2(n) = \sum_{m=1}^{n} m^2 = \sum_{m=1}^{n}\sum_{k=1}^{m}(2k-1) = \sum_{k=1}^{n}\sum_{m=k}^{n}(2k-1)$$

$$= \sum_{k=1}^{n}(2k-1)(n-k+1)$$

$$= (n+1)\sum_{k=1}^{n}(2k-1) - 2\sum_{k=1}^{n}k^2 - \sum_{k=1}^{n}k$$

$$= (n+1)n^2 - 2S_2(n) - S_1(n)$$

と計算されますから，これより

$$3S_2(n) = (n+1)n^2 - \frac{1}{2}n(n+1)$$

$$S_2(n) = \frac{1}{6}n(n+1)(2n+1)$$

が得られます．

2．

$S_k(n)$ を求める問題は，一般的にいえば，数列 $\{a_n\}$ のはじめの n 項の和を求めることです．数列の正体を見るには，階差数列を考えることが，しばしば有効です．

階差とは，関数でいえば差分——それは極限操作をしない微分といえる——

に相当します．$f(x)$ を関数とするとき，x の増分 Δx に対する関数の値の変化を
$$\Delta f(x) = f(x+\Delta x) - f(x)$$
と書き，$f(x)$ の Δx に対する差分といいます．

関数の微分がわかれば，積分することによりその関数がわかりますが，関数の差分が知られたならば，積分に相当する操作をしてやればもとの関数がわかるはずです．

導関数についても第 2 次，第 3 次，… を考えたように
$$\Delta(\Delta f(x)) = \Delta^2 f(x),\ \Delta(\Delta^{n-1}f(x)) = \Delta^n f(x)$$
により第 n 次差分 $\Delta^n f(x)$ を定義します．$\Delta f(x) = \Delta^1 f(x)$ です．

たとえば
$$\begin{aligned}\Delta^2 f(x) &= \Delta(f(x+\Delta x) - f(x)) \\ &= f(x+2\Delta x) - 2f(x+\Delta x) + f(x), \\ \Delta^3 f(x) &= \Delta(\Delta^2 f(x)) \\ &= \Delta(f(x+2\Delta x) - 2f(x+\Delta x) + f(x)) \\ &= f(x+3\Delta x) - 3f(x+2\Delta x) + 3f(x+\Delta x) - f(x)\end{aligned}$$

であり，一般に

(2.1) $$\Delta^n f(x) = \sum_{i=0}^{n} (-1)^i \binom{n}{i} f(x+(n-i)\Delta x)$$

が成り立ちます．（証明は，n に関する帰納法，2 項定理の証明とほとんど同じです．）さらに，

(2.2) $$f(x+n\Delta x) = \sum_{i=0}^{n} \binom{n}{i} \Delta^{n-1} f(x)$$

も証明されます．（(2.2)は(2.1)を逆に解いたものです．）

数列 $\{a_n\}$ の階差数列は a_n を n の関数と見，$\Delta x = 1$ ととったものにほかありません：
$$\Delta a_n = a_{n+1} - a_n \quad (n \geq 1).$$
$\{\Delta a_n\}$ を $\{a_n\}$ の（第 1 次）階差数列といいます．同様に第 m 次階差数列

$$\{\Delta^m a_n\}$$

を考えることができます．

たとえば，数列 $\{n^3\}$ の階差数列は

$$
\begin{array}{ccccccccc}
1^3 & & 2^3 & & 3^3 & & 4^3 & & 5^3 & & 6^3 & & 7^3 & \cdots a_n \\
& \vee & & \vee & & \vee & & \vee & & \vee & & \vee & \\
& 7 & & 19 & & 37 & & 61 & & 91 & & 127 & \cdots \Delta^1 a_n \\
& & \vee & & \vee & & \vee & & \vee & & \vee & \\
& & 12 & & 18 & & 24 & & 30 & & 36 & \cdots \Delta^2 a_n \\
& & & \vee & & \vee & & \vee & & \vee & \\
& & & 6 & & 6 & & 6 & & 6 & & \cdots
\end{array}
$$

です．ここで $\begin{smallmatrix} a & b \\ \vee \\ c \end{smallmatrix}$ は $c = b - a$ を示します．

さて，数列 $\{a_n\}$ に対して

$$S_n = a_1 + a_2 + \cdots + a_n, \quad S_0 = 0$$

とおきます．このとき

$$\Delta S_{n-1} = S_n - S_{n-1} = a_n$$

ですから，数列 $\{S_n\}$ が $\{a_n\}$ の積分に相当します．

$$
\begin{array}{cccccc}
S_0 & & S_1 & & S_2 & & S_3 & & S_4 \\
& \vee & & \vee & & \vee & & \vee & \\
& a_1 & & a_2 & & a_3 & & a_4 & \cdots \Delta^1 S_{n-1} \\
& & \vee & & \vee & & \vee & \\
& & \Delta a_1 & & \Delta a_2 & & \Delta a_3 & \cdots
\end{array}
$$

です．ここで(2.2)を $\{S_n\}$ に対して書けば

$$S_n = S_0 + \binom{n}{1}\Delta^1 S_0 + \binom{n}{2}\Delta^2 S_0 + \cdots + \binom{n}{n}\Delta^n S_0$$

であり，これを $\{a_n\}$ を用いて表せば

$$(2.3) \qquad \sum_{i=1}^{n} a_i = \binom{n}{1}a_1 + \binom{n}{2}\Delta^1 a_1 + \cdots + \binom{n}{n}\Delta^{n-1} a_1$$

となります．

　(2.3)の応用として $S_3(m)$ を求めましょう．数列 $\{n^3\}$ を考えます．すなわち，$a_n = n^3$．この階差数列はすでに上で求めました．それによれば $\Delta^1 a_1 = 7$, $\Delta^2 a_1 = 12$, $\Delta^3 a_1 = 6$, $\Delta^n a_1 = 0$ $(n \geq 4)$ ですから (2.3) より

$$\sum_{i=1}^n i^3 = \binom{n}{1} + \binom{n}{2} \cdot 7 + \binom{n}{3} \cdot 12 + \binom{n}{4} \cdot 6$$

$$= \frac{n^2(n+1)^2}{4}$$

が得られます．

　ついでに，結果として

$$S_3(n) = (S_1(n))^2$$

が成り立っています．おもしろい結果です．しかし，この等式が成り立つ理由は何でしょうか．つまり，左辺，右辺をそれぞれ計算したら等しくなった，というのではなく，それ以前に成り立つことが判定できないでしょうか．

3.

ベルヌーイ数の定義式で，B という文字を使い，ベルヌーイ数 B_n を B^n と表し，B のべきのように考えると，

(1.1)′ $$\frac{t}{e^t - 1} = \sum_{n=0}^\infty \frac{B_n t^n}{n!} = \sum_{n=0}^\infty \frac{(Bt)^n}{n!} = e^{Bt}$$

と書くことができます．そのとき，任意の数 x に対して

(3.1) $$e^{(x+B)t} = e^{xt} e^{Bt}$$

が成り立ちます．そうすれば

$$e^{(1+B)t} - e^{Bt} = (e^t - 1) e^{Bt} = t$$

の両辺の t^n の係数を比較して，

$$n \geq 2 \text{ に対し } (1+B)^n = B^n$$

が得られます．この左辺では，2項定理によって展開し，$B^i = B_i$ とおきかえるものとします．

これはベルヌーイ数を計算するとき非常に便利です。たとえば、

$$n = 2, \quad 1 + 2B^1 + B^2 = B^2,$$

すなわち $1 + 2 \cdot B_1 + B_2 = B_2$.

ゆえに $B_1 = -\dfrac{1}{2}$.

$$n = 3, \quad 1 + 3B^1 + 3B^2 + B^3 = B^3,$$

ゆえに $1 - \dfrac{3}{2} + 3B_2 = 0$ で $B_2 = \dfrac{1}{6}$.

以下同様にして

$$B_4 = -\frac{1}{30}, \quad B_6 = \frac{1}{42}, \quad B_8 = -\frac{1}{30}, \cdots$$

が計算されます。(このとき、もちろん $B_{2k+1} = 0\,(k \geq 1)$ を用います。)

さらにベルヌーイ多項式 $B_n(x)$ を

$$\frac{te^x}{e^t - 1} = \sum_{n=0}^{\infty} \frac{B_n(x)t^n}{n!}$$

により定義します。そのとき $B_n(0) = B_n$ です。

ベルヌーイ多項式を求めるには、(3.1)より導かれる

$$B_n(x) = (B + x)^n$$

を用いると便利です。ここで右辺ではやはり2項定理により展開し、$B^i = B_i$ とおきかえます。たとえば

$$B_0(x) = 1, \ B_1(x) = x + B^1 = x + B_1 = x - \frac{1}{2},$$
$$B_2(x) = x^2 + 2xB^1 + B^2 = x^2 + 2xB_1 + B_2$$
$$= x^2 - x + \frac{1}{6}$$
$$B_3(x) = x^3 + 3B^1 x^2 + 3B^2 x + B^3 = x^3 - \frac{3}{2}x^2 + \frac{1}{2}x$$
$$\cdots\cdots\cdots$$

です。

このとき，$k \geq 1$ に対し，

(3.2) $$(k+1)S_k(n-1) = (n+B)^{k+1} - B^{k+1}$$
$$= B_{k+1}(n) - B_{k+1}$$

が成り立ちます．これがベルヌーイ数のひとつの顔です．

たとえば，$k = 3$ とすれば

$$4S_3(n-1) = n^4 + 4B^1 n^3 + 6B^2 n^2 + 4B^3 n$$
$$= n^4 - 2n^3 + n^2$$
$$S_3(n-1) = \frac{n^2(n-1)^2}{4}$$

で，たしかに上で計算したものと一致します．

この公式(3.2)は

(3.3) $$\frac{t(e^{nt}-1)}{e^t - 1}$$

を2通りに計算し，両辺を比べることにより証明されます．すなわち，一方では

$$(3.3) = \frac{te^{nt}}{e^t - 1} - \frac{t}{e^t - 1} = \sum_{k=0}^{\infty} \frac{(B_k(n) - B_k) t^k}{k!}$$

であり，他方では

$$(3.3) = t(e^{(n-1)t} + e^{(n-2)t} + \cdots + e^{rt} + \cdots + 1)$$
$$= t \sum_{r=0}^{n-1} e^{rt} = t \sum_{r=0}^{n-1} \sum_{k=0}^{\infty} \frac{(rt)^k}{k!}$$
$$= \sum_{k=0}^{\infty} \left(\sum_{r=0}^{n-1} r^k \right) \frac{t^{k+1}}{k!} = nt + \sum_{k=1}^{\infty} S_k(n-1) \frac{t^{k+1}}{k!}$$

ですから，両者の t^{k+1} の係数を等しいとおけばよいのです．

4. ところで，

$$1^k + 2^k + \cdots + n^k$$

を n の簡単な式で表したからには

$$\frac{1}{1^k}+\frac{1}{2^k}+\cdots+\frac{1}{n^k}$$

も n の簡単な式で表せないか，と考えるのは自然でしょう．しかし，これは手がつけられません．そこで代りに，無限和

$$\frac{1}{1^k}+\frac{1}{2^k}+\cdots+\frac{1}{n^k}+\cdots$$

を問題にします．ところがこれは前回導入したリーマン・ゼータ関数

$$\zeta(s)=\sum_{n=1}^{\infty}\frac{1}{n^s}\ (\mathrm{Re}\,s>1)$$

の $s=k(>1)$ における値 $\zeta(k)$ にほかありません．

そして，それは，一般に

'関数の整数点における値はどんな性質の数か'

という，現在も進行中の重要な問題のひとつでもあります．

$\zeta(s)$ についていえば，現在 $\zeta(2k)$ (k は自然数) は具体的に求められていますが，$\zeta(2k+1)$ は未知のままで，12, 3 年程前に，$\zeta(3)$ は無理数であることが証明されているだけです．それはアペリにより，独特な方法で遂行されましたが，その方法は $\zeta(5), \zeta(7), \cdots$ には通用しないのです．

実際，$\zeta(2k)$ は

(4.1) $$\zeta(2k)=\frac{(2\pi)^{2k}(-1)^{k+1}}{2(2k)!}B_{2k}\quad(k\geq 1)$$

により与えられます．($\zeta(2k+1)$ もこのような感じで求められればいいのですが．)

ここにも，ベルヌーイ数が現れています．

リーマン・ゼータ関数 $\zeta(s)$ は，はじめは $Rs>1$ で定義されていますが，全 s-平面に定義域をひろげることができる，と前回いいました．（念のため，そこでも $\zeta(s)$ が $\sum_{n=1}^{\infty}\frac{1}{n^s}$ で表されているというわけではありません．)

そのとき，

$$\zeta(1-k) = -\frac{B_k}{k} \ (k > 1)$$
$$\zeta(0) = -\frac{1}{2}$$

であることが知られています．

さて(4.1)には不思議なことが含まれています：何故に円周率 π が顔を出すのでしょうか．一見

$$\frac{1}{1^k} + \frac{1}{2^k} + \cdots + \frac{1}{n^k} + \cdots$$

は，π とは何の関係もありそうにありません．ともあれ，$\zeta(s)$ の整数点における値を精細に追求することは数論の大きな課題です．

9. 平方剰余

1． すでに何回か合同の世界に触れて来ました．第 4 回では 1 次合同式を，第 5 回では n 次 2 項合同式を扱いました．その際，示数(index)の理論が重要な役割を演じました．

今回は 2 次合同式をとりあげます．

念のため，$\mathbf{Z}$ は整数全体を示します．$n \in \mathbf{Z}$ を与えたとき，$a, b \in \mathbf{Z}$ について

$$a \equiv b \pmod{n}$$

とは

$$n \mid a-b \ (a-b \text{ は } n \text{ で割り切れる})$$

のことです．

一般の 2 次合同方程式（ただし x の係数は偶数）は

$$ax^2 + 2bx + c \equiv 0 \pmod{n}$$

の形をしています．両辺を a 倍して完全平方をつくり移項すると

$$(ax+b)^2 \equiv b^2 - ac \pmod{n}$$

となります．したがって

$$x^2 \equiv a \pmod{n}$$

の形の 2 次合同式が基本的です．

以下簡単のため $n = p$ を奇素数とします．

示数の理論を簡単にふりかえりましょう：フェルマの定理は

'$(a, p) = 1$ ならば $a^{p-1} \equiv 1 \pmod{p}$'

ですが，$p-1$ 乗してはじめて $g^{p-1} \equiv 1 \pmod{p}$ となる g を $\bmod p$ の原始根とよ

びました．そうすれば，$(a, p) = 1$ である a は
$$a \equiv g^k \pmod{p}$$
と書かれます．k は $\bmod\, p-1$ で一意的に定まります．そのとき Ind_g を
$$k \equiv \mathrm{Ind}_g(a) \pmod{p-1}$$
により定義しました．
$$\mathrm{Ind}_g(ab) \equiv \mathrm{Ind}_g a + \mathrm{Ind}_g b \pmod{p-1}$$
が成り立ちます．2次合同式についていえば

　　'$x^2 \equiv a \pmod{p}$ が解をもつ

　　　　$\Leftrightarrow 2\mathrm{Ind}_g x \equiv \mathrm{Ind}_g a \pmod{p-1}$ が解をもつ'　　　(*)

が証明されています．(n 次の場合に証明しました)．ここで 'A $\Leftrightarrow$ B' は 'A ならば B，かつ B ならば A' を意味します．

2. ルジャンドル記号を定義します．

p は奇素数ですから，$2 \mid p-1$，したがって上の結果と結びつければ，

　　'$x^2 \equiv a \pmod{p}$ が解をもつ $\Leftrightarrow 2 \mid \mathrm{Ind}_g a$'

となります．このことは原始根 g をとりかえても成り立ちます．すなわち，g' を $\bmod\, p$ の他の原始根とすれば
$$2 \mid \mathrm{Ind}_g a \Leftrightarrow 2 \mid \mathrm{Ind}_{g'} a.$$
そこで $(a, p) = 1$ である a に対し
$$\left(\frac{a}{p}\right) = (-1)^{\mathrm{Ind}_g(a)}$$
と定義します．左辺をルジャンドルの記号といいます．しかし，$\left(\dfrac{a}{p}\right)$ をどう読むのかわかりません．はじめてこの記号に出合ってから，$n \cdot 10$ 年たつわけですが．同僚にきいても，いまさら，というバツのわるそうな顔をします．p 分

の a はおかしいし，ルジャンドル・a・$\bmod p$ と読むのも長すぎますし，舌をかみそうだといやがる人もいます.

定義から，ただちに

（ⅰ）　$x^2 \equiv a \pmod{p}$ が解をもてば $\left(\dfrac{a}{p}\right) = 1$

（ⅱ）　$x^2 \equiv a \pmod{p}$ が解をもたなければ $\left(\dfrac{a}{p}\right) = -1$

がわかります．（ⅰ）の場合，a を $\bmod p$ の平方剰余，（ⅱ）の場合，平方非剰余といいます．それゆえ，ルジャンドル記号を平方剰余記号ともいいます．

3. 平方剰余と，ルジャンドル記号の性質を調べましょう．Ind_g の g は省略します．

まず，$\mathrm{Ind}\,a$ のとる値は $1, 2, \cdots, p-1$ の $p-1$ 個あり，そのうち偶数，奇数は半数ずつありますから

（ⅲ）　$\bmod p$ の平方剰余，平方非剰余はそれぞれ $\dfrac{p-1}{2}$ 個ある．

つぎに

（ⅳ）　$(a, p) = (b, p) = 1$ ならば
$$\left(\frac{ab}{p}\right) = \left(\frac{a}{p}\right)\left(\frac{b}{p}\right)$$

（ⅴ）　$a \equiv b \pmod{p}$, $(a, p) = (b, p) = 1$，ならば
$$\left(\frac{a}{p}\right) = \left(\frac{b}{p}\right)$$

が成り立ちます．（ⅳ）は **1.** で述べた Ind の対数のような性質から，また（ⅴ）はルジャンドル記号の定義から容易に証明されます．さらに（ⅳ）を拡張して

（ⅵ）　$(a_i, p) = 1$, $i = 1, \cdots, r$，ならば
$$\left(\frac{a_1 a_2 \cdots a_r}{p}\right) = \left(\frac{a_1}{p}\right)\left(\frac{a_2}{p}\right) \cdots \left(\frac{a_r}{p}\right)$$

が得られます．

(vii)（第一補充法則）
$$\left(\frac{-1}{p}\right) = (-1)^{\frac{p-1}{2}}$$
を証明しましょう.

g を原始根とします．$2\mid p-1$ ですから
$$g^{p-1} - 1 = \left(g^{\frac{p-1}{2}} + 1\right)\left(g^{\frac{p-1}{2}} - 1\right) \equiv 0 \pmod{p}$$
で，したがって
$$g^{\frac{p-1}{2}} + 1 \equiv 0 \quad \text{または} \quad g^{\frac{p-1}{2}} - 1 \equiv 0$$
ですが，'g は $p-1$ 乗してはじめて $g^{p-1} \equiv 1 \pmod{p}$' ですから
$$g^{\frac{p-1}{2}} + 1 \equiv 0 \quad \text{すなわち} \quad g^{\frac{p-1}{2}} \equiv -1 \pmod{p}$$
が成り立つことになります．それは
$$\mathrm{Ind}_g(-1) \equiv \frac{p-1}{2} \pmod{p-1}$$
を意味します．よって
$$\left(\frac{-1}{p}\right) = (-1)^{\mathrm{Ind}_g(-1)} = (-1)^{\frac{p-1}{2}}$$
です．

(viii)（オイラー規準）$(a, p) = 1$ とすれば
$$\left(\frac{a}{p}\right) \equiv a^{\frac{p-1}{2}} \pmod{p}$$

証明 定義より
$$\left(\frac{a}{p}\right) \equiv (-1)^{\mathrm{Ind}\,a} \pmod{p}$$
で，この両辺の Ind をとれば

$$\mathrm{Ind}\left(\frac{a}{p}\right) \equiv \mathrm{Ind}\,a \cdot \mathrm{Ind}(-1)$$
$$\equiv \frac{p-1}{2}\mathrm{Ind}\,a \pmod{p-1}$$

です．したがって，Ind の定義により $\bmod p$ にもどれば

$$\left(\frac{a}{p}\right) \equiv a^{\frac{p-1}{2}} \pmod{p}.$$

この結果はいろいろな場面で役に立ちます．

4. 初等整数論においてもっとも重要な結果は次の定理です．
   '平方剰余の相互法則'
（Ⅰ） p, q を異なる奇素数とすれば

$$\left(\frac{q}{p}\right)\left(\frac{p}{q}\right) = (-1)^{\frac{p-1}{2}\cdot\frac{q-1}{2}},$$

（Ⅱ）（第一補充法則）

$$\left(\frac{-1}{p}\right) = (-1)^{\frac{p-1}{2}},$$

（Ⅲ）（第二補充法則）

$$\left(\frac{2}{p}\right) = (-1)^{\frac{p^2-1}{8}}.$$

　ガウス(1777-1855)はこれを数論における基本定理とよびました．この定理はすでにオイラー(1707-1783)が発見していますが，（Ⅰ）の証明には至りませんでした．はじめて証明に成功したのはガウスで，結局生涯に 7 つの証明をしています．その第一証明は，24 歳のときの著 'Disquisitiones Arithmeticae' に与えられています．この見事な本は数論のバイブル，あるいはマグナ・カルタというべきもので，多くの数学者が '何はともあれ読むべきである' といっているほどです．最近この邦訳が出版されました．

平方剰余

ガウス以後（1974年の時点で）49の証明が発表されています．2年ほど前にも新しい証明が報告されました（スワン）．

もっとも初等的な証明は，次のガウスの補題を利用し，平面上のある範囲に属する格子点（座標が整数である点）の個数をかぞえるものでしょう．

'**ガウスの補題**' $(a, p) = 1$ とする．$\frac{1}{2}(p-1)$ 個の数

(#) $\qquad a, 2a, 3a, \cdots, \frac{1}{2}(p-1)a$

のうち，p で割った余りが $\frac{1}{2}p$ より大きいものの個数を μ とすれば

$$\left(\frac{a}{p}\right) = (-1)^\mu$$

である．'

証明 一般に，n を p で割った余りを $-\frac{1}{2}p$ と $\frac{1}{2}p$ の間にとります．それを，p で割ったときの最小絶対値剰余といいます．

(#) のおのおのを p で割ったときの最小絶対値剰余を

$$r_1, \cdots, r_\lambda, -r'_1, \cdots, -r'_\nu, \quad (r_i > 0, \ r'_i > 0)$$

とします．このとき，$p-r'_1, \cdots, p-r'_\nu$ は p で割ったときのふつうの剰余で，それぞれ $> \frac{1}{2}p$ ですから

$$\mu = \nu$$

です．さらに $\lambda + \mu = \frac{1}{2}(p-1)$, $0 < r_i < \frac{1}{2}p$, $0 < r'_i < \frac{1}{2}p$ です．

(#) の数のおのおのは $\bmod p$ で非合同ですから，$r'_1, \cdots, r'_\mu$ のどの2つも，また $r_1, \cdots, r_\lambda$ のどの2つもさらにまた $r_1, \cdots, r_\lambda$ と $r'_1, \cdots, r'_\mu$ のうちのどの2つも $\bmod p$ で非合同です．したがって $r_1, \cdots, r_\lambda, r'_1, \cdots, r'_\mu$ は

$$1, 2, \cdots, \frac{1}{2}(p-1)$$

を並べかえたものです．ゆえに
$$a \cdot 2a \cdot \cdots \cdot \frac{1}{2}(p-1)a \equiv (-1)^\mu \cdot 1 \cdot 2 \cdot \cdots \cdot \frac{1}{2}(p-1) \pmod{p}$$

$$a^{\frac{1}{2}(p-1)} \equiv (-1)^\mu \pmod{p}$$

で，オイラー規準より
$$\left(\frac{a}{p}\right) \equiv (-1)^\mu \pmod{p}$$

が成り立ちますが，この両辺の値はともに ± 1 ですから，$\equiv$ は実は $=$ になります．

　第一補充法則は(ⅱ)の再記です．まず第二補充法則を証明しましょう．そのために，ガウスの補題で $a = 2$ ととります．そうすれば(#)は
$$2, 4, \cdots, p-1$$
ですから，この場合，λ は $\frac{1}{2}(p-1)$ より小さい正の偶数の個数にほかありません．したがって，
$$\lambda = \left[\frac{1}{4}p\right]$$
で
$$\mu = \frac{1}{2}(p-1) - \left[\frac{1}{4}p\right]$$
となります．ここで，$[x]$ は良く知られたガウスの記号で，x を越えない最大の整数を表します．

　さて，第二補充法則は
$$p \equiv 1 \pmod{4} \text{ ならば } \left(\frac{2}{p}\right) = (-1)^{\frac{1}{4}(p-1)},$$
$$p \equiv 3 \pmod{4} \text{ ならば } \left(\frac{2}{p}\right) = (-1)^{\frac{1}{4}(p+1)}$$

と書きかえられます．したがって，第二補充法則の証明のためには，ガウスの補題によりそれぞれの場合，$\mu = \frac{1}{4}(p-1)$, $=\frac{1}{4}(p+1)$ を証明すればよろしい．

$p \equiv 1 \pmod 4$ の場合，$p = 4k+1$ とおけば

$$\frac{1}{4}p = k + \frac{1}{4}, \quad \left[\frac{1}{4}p\right] = k = \frac{1}{4}(p-1)$$

ゆえに

$$\mu = \frac{1}{2}(p-1) - \frac{1}{4}(p-1) = \frac{1}{4}(p-1),$$

$p \equiv 3 \pmod 4$ の場合，$p = 4k+3$ とすれば

$$\frac{1}{4}p = k + \frac{3}{4}, \quad \left[\frac{1}{4}p\right] = k = \frac{1}{4}(p-3)$$

ゆえに

$$\mu = \frac{1}{2}(p-1) - \frac{1}{4}(p-3) = \frac{1}{4}(p+1).$$

これで第二補充法則が証明されました．

（Ⅰ）の証明．ガウスの補題において $a = q$ とおき，$\left(\frac{q}{p}\right) = (-1)^\mu$ の μ の意味を考えましょう．その証明によれば，μ は，$\frac{1}{2}(p-1)$ 個の数

(#) $\qquad\qquad q, 2q, 3q, \cdots, \frac{1}{2}(p-1)q$

のうちの，p で割った最小絶対値剰余が $-\frac{1}{2}p$ と 0 の間にあるものの個数です．

x を整数，$0 < x \leq \frac{1}{2}(p-1) < \frac{1}{2}$ とすれば，(#) の数は qx の形です．それを p で割った商を y，最小絶対値剰余を r とすれば，

(＊) $\qquad\qquad -\frac{1}{2}p < qx - py = r < 0$

が成り立ちます．ここで y は整数ですから，この不等式より

$$0 < y < \frac{q}{p}x + \frac{1}{2} < \frac{q+1}{2}.$$

ゆえに

$$0 < y < \frac{1}{2}q$$

が成り立ち，結局 μ は長方形

$$0 < x < \frac{1}{2}p,\ 0 < y < \frac{1}{2}q,$$

の中の，不等式（＊）をみたす格子点 (x, y) の個数にほかありません．
そして

$$\left(\frac{q}{p}\right) = (-1)^{\mu}$$

です．
　同様に，不等式

$$-\frac{1}{2}q < py - qx < 0$$

をみたす格子点 (x, y) の個数を ν とすれば

$$\left(\frac{p}{q}\right) = (-1)^{\nu}$$

が成り立ちます．したがって $\lambda + \nu$ をかぞえるか，あるいは証明すべき結果に照らして

$$\frac{1}{2}(p-1) \cdot \frac{1}{2}(q-1) - (\lambda + \mu)$$

が偶数であることを示すかすればよいのです．あとは図を見て考えて下さい．

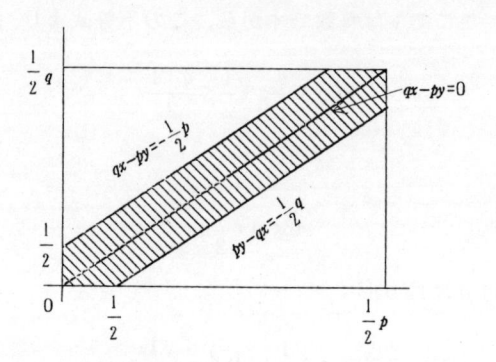

- 斜線部分の格子点の個数 $= \lambda + \mu$

- 長方形内の格子点の個数 $= \dfrac{1}{2}(p-1) \cdot \dfrac{1}{2}(q-1)$

- 2つの三角形内の格子点の個数は等しい．

5.
相互法則の1つの意味は，(iv)，(v)と合わせて，どんな a に対しても $\left(\dfrac{a}{p}\right)$ が計算できるところにあります．たとえば

$$\left(\frac{541}{677}\right) = (-1)^{\frac{1}{2}(541-1)\cdot\frac{1}{2}(677-1)}\left(\frac{677}{541}\right) = \left(\frac{136}{541}\right)$$

$$= \left(\frac{2}{541}\right)^3\left(\frac{17}{541}\right) = -\left(\frac{17}{541}\right)$$

$$= -(-1)^{\frac{1}{2}(17-1)\cdot\frac{1}{2}(541-1)}\left(\frac{541}{17}\right)$$

$$= -\left(\frac{-3}{17}\right) = -(-1)^{\frac{1}{2}(17-1)}\left(\frac{3}{17}\right) = \cdots = 1$$

しかし，本当の意味は相互法則から得られる次の結果にあります：

'$(m, p) = 1$ とし，m は平方因数を含まないとする．$m \equiv 1 \pmod{4}$ のとき $\left(\dfrac{m}{p}\right)$ の値は，$\mathrm{mod}\, m$ の既約類の半数に属する p に対して 1，残りの半数に属する p

に対して-1．

　$m \equiv 2, 3 \pmod{4}$ のとき，$\left(\dfrac{m}{p}\right)$ の値は，$\bmod 4m$ の既約類の半数に属する p に対して1，残りの半数に属する p に対して-1．'

　証明は割愛します．ここではいくつかの例で検証し，そして上記結果の意味の説明は次回に送ります．

例1　$m = -1 \equiv 3 \pmod{4}$．$\bmod(-4)$ すなわち $\bmod 4$ の既約類は1，3により代表される2つだけで，

$p \equiv 1 \pmod{4}$　ならば　$\left(\dfrac{-1}{p}\right) = 1$，

$p \equiv 3 \pmod{4}$　ならば　$\left(\dfrac{-1}{p}\right) = -1$．

例2　$m = -3 \equiv 1 \pmod{4}$．$\bmod(-3)$ すなわち $\bmod 3$ の既約類は1，2で代表される2つだけで，

$p \equiv 1 \pmod{3}$　ならば　$\left(\dfrac{-3}{p}\right) = 1$，

$p \equiv 2 \pmod{3}$　ならば　$\left(\dfrac{-3}{p}\right) = -1$．

この計算は次の通りです．たとえば $p \equiv 1 \pmod{3}$ のときは

$$\left(\dfrac{-3}{p}\right) = \left(\dfrac{-1}{p}\right)\left(\dfrac{3}{p}\right)$$
$$= (-1)^{\frac{1}{2}(p-1)} \cdot (-1)^{\frac{1}{2}(p-1) \cdot \frac{1}{2}(3-1)} \left(\dfrac{p}{3}\right)$$
$$= \left(\dfrac{p}{3}\right) = \left(\dfrac{1}{3}\right) = 1$$

例3　$m = 10 \equiv 2 \pmod{4}$．$\bmod 40$ の既約類は16個（$\varphi(40) = \varphi(8)\varphi(5) = 16$）あり，

$p \equiv 1, 3, 9, 13, 27, 31, 37, 39 \pmod{40}$ ならば $\left(\dfrac{10}{p}\right) = 1$.

$p \equiv 7, 11, 17, 19, 21, 23, 29, 33 \pmod{40}$ ならば $\left(\dfrac{10}{p}\right) = -1$.

6. 前に，$4n-1$の形の素数は無限に多くあることを，ユークリッドの素数定理のユークリッドによる証明をまねて，$p_1, p_2, \cdots, p_k$ を $4n-1$ の形の素数とするとき

$$4(p_1 \cdot p_2 \cdots p_k) - 1$$

を割る素数の中には，必ず$4n-1$の形のものがあることを用いて証明しました．そして，この論法では$4n+1$の形の素数が無限に存在することを証明することは出来ないと注意しました．しかし，第一補充法則を用いれば次のように証明することが出来ます．

$4n+1$の形の素数を小さいものから $p_1, p_2, \cdots, p_k$ とし，

$$N = 4(p_1^2 p_2^2 \cdots p_k^2) + 1$$

とおきます．Nを割る素数をpとすると，pは$p_1, p_2, \cdots, p_k$と異なり，

$$4(p_1^2 p_2^2 \cdots p_k^2) \equiv -1 \pmod{p}$$

が成り立ちます．これは $x^2 \equiv -1 \pmod{p}$ が解 $2p_1 p_2 \cdots p_k$ をもつこと，すなわち -1 が $\bmod p$ の平方剰余であることを意味します．ゆえに

$$\left(\dfrac{-1}{p}\right) = (-1)^{\frac{1}{2}(p-1)} = 1.$$

よって

$$\dfrac{1}{2}(p-1)$$

は偶数，したがって

$$\dfrac{1}{2}(p-1) = 2n, \quad p = 4n+1$$

と書かれます．これで，与えられた $p_1 \cdots p_k$ より多くの，$4n+1$型の素数が存

在することが証明されました．ゆえに $4n+1$ 型の素数は無限に多く存在します．

問1 $\left(\dfrac{541}{677}\right)$ の計算で……の部分の計算を実行しなさい．

問2 例2で $p \equiv 2 \pmod 3$ ならば $\left(\dfrac{-3}{p}\right) = -1$ であることを確かめなさい．

問3 例3の結果を確めなさい．

問4 相互法則Iの証明を完成しなさい．

10. ガウスの整数

1. 第4回で，奇数の素数 p が

$$(*) \qquad x^2 + y^2 = p \quad x, y \in \mathbf{Z}$$

と書かれるための必要十分条件は

$$p \equiv 1 \pmod{4}$$

であると書きました．今回の目標は，このことの証明です．

（＊）の左辺は実数の範囲では因数分解できませんが，複素数の範囲では

$$x^2 + y^2 = (x + \sqrt{-1}y)(x - \sqrt{-1}y)$$

と分解されます．そうすれば，いっそのこと

$$x + \sqrt{-1}y \quad x, y \in \mathbf{Z}$$

の形の数を考え，そこで'整数論'を展開し，その中で上の問題の解決をはかろうとするのは自然でしょう．そこで，上の命題に対する証明としては，道具立てが大きすぎるのですが，2次体の整数論による証明を紹介します．

一般に，m を平方因数をもたない整数とするとき

$$\mathbf{Q}(\sqrt{m}) = \{x + \sqrt{m}y\,;\, x, y \in \mathbf{Q}\}$$

と書き，$\mathbf{Q}$ に $\sqrt{m}$ を添加して得られる2次体といいます．$\mathbf{Q}$ は有理数の全体です．'体'という言葉には今のところあまりこだわらなくてよいと思います．'2次'というのは，$x + \sqrt{m}y$ が X に関する2次方程式

$$(\#) \qquad X^2 - 2xX + x^2 - my^2 = 0$$

の解であるからです．（一般に有理数係数の2次方程式の解である数を2次の

数といいます．有理数も2次の数に入りますが，有理数でない2次の数を2次の無理数といいます．2次体とは，（今考えている型の）2次の数全体の略だと思って下さい．Q も有理数（全）体とよばれます．$Q(\sqrt{m})$ が加減乗除（もちろん 0 でない数による除法）について閉じていることに注意しましょう．

念のため割り算だけ注意しておきます：$x+\sqrt{m}\,y \in Q(\sqrt{m})$ に対し

$$\frac{1}{x+\sqrt{m}\,y} = \frac{x-\sqrt{m}\,y}{(x+\sqrt{m}\,y)(x-\sqrt{m}\,y)}$$

$$= \frac{x}{x^2-my^2} + \sqrt{m}\,\frac{-y}{x^2-my^2} \in Q(\sqrt{m})$$

です．

ここで $\alpha = x+\sqrt{m}\,y \in Q(\sqrt{m})$ に対し，

$$\bar{\alpha} = x - \sqrt{m}\,y$$

と書き，$\bar{\alpha}$ を α の共役といいます．

昔は共軛（きょうやく）と書きました．漢字制限以後は共役です．したがって 'きょうえき' と読まず，やはり 'きょうやく' と読んだ方がよいと思います．

$\alpha = x+\sqrt{m}\,y \in Q(\sqrt{m})$ に対し

$$N(\alpha) = \alpha\bar{\alpha} = x^2 - my^2, \quad S(\alpha) = \alpha + \bar{\alpha} = 2x$$

をそれぞれ，α のノルム，トレースといいます．そのとき $N(\alpha), S(\alpha) \in Q$ で，(#) は

(#) $$X^2 - S(\alpha)X + N(\alpha) = 0$$

と書かれます．

2． Q を $Q(\sqrt{m})$ に拡張しました．'整数論' を考えるからには，$Q(\sqrt{m})$ の '整数' を定義しなければなりません．つまり，Z はどのように拡張されるでしょうか．あるいは比例式

$$Q : Q(\sqrt{m}) = Z : (?)$$

を満たす(?)は何でしょうか.

(?)に要求される性質としては,

(?)∩Q = Z (Qの数が(?)に属するならば,それはふつうの整数)

$\alpha, \beta \in$(?)ならば$\alpha + \beta, \alpha - \beta, \alpha\beta \in$(?)

$\alpha \in$(?)ならば$\overline{\alpha} \in$(?)

(?)は$Q(\sqrt{m})$の中でできるだけひろい

が挙げられます.

これらのことをふまえれば結局,(?)は(#)あるいは(#)ˉが整数係数の2次方程式となるような$\alpha = x + \sqrt{m}y$の全体であることがわかります.(一般には,βがZ-係数のn次方程式

$$a_0 X^n + a_1 X^{n-1} + \cdots + a_n = 0 \quad (a_i \in Z)$$

の解であるとき,βをn次の代数的数といい,とくに$a_0 = 1$の方程式の解であるときβをn次の代数的整数といいます.その言葉を用いれば,(?)は2次の代数的整数である$Q(\sqrt{m})$の数全体,ということができます.)

したがって,$\alpha \in Q(\sqrt{m})$に対し

$$\alpha \in (?) \Leftrightarrow N(\alpha), S(\alpha) \in Z$$

です.

このとき,

$m \equiv 1 \pmod{4}$ならば

$$(?) = \left\{ \frac{x + \sqrt{m}y}{2} ; x, y \in Z, x \equiv y \pmod{2} \right\}$$

$m \equiv 2, 3 \pmod{4}$ならば

$$(?) = \{ x + \sqrt{m}y ; x, y \in Z \}$$

が分かります.このことの証明は省略しますが,次の例1,例2のように考えれば証明されます.

例1 $Q(\sqrt{-1}), m = -1 \equiv 3 \pmod{4}$

$Q(\sqrt{-1}) \ni \alpha = x + \sqrt{-1}y$ とすれば

$$N(\alpha) = \alpha\bar{\alpha} = x^2 + y^2, \ S(\alpha) = \alpha + \bar{\alpha} = 2x$$

ですから

$$\alpha \in (?) \Leftrightarrow x^2 + y^2 \in \mathbf{Z}, \ 2x \in \mathbf{Z}$$

これより

$$\Leftrightarrow x, y \in \mathbf{Z}$$

がわかります．実際，'$x, y \in \mathbf{Z} \Rightarrow x^2 + y^2 \in \mathbf{Z}$，$2x \in \mathbf{Z}$'は明らか．

逆に，$x^2 + y^2 \in \mathbf{Z}, 2x \in \mathbf{Z}$ ならば $4y^2 \in \mathbf{Z}$．ゆえに $2y \in \mathbf{Z}$．よって $2x = a, 2y = b$ と書けば，$a, b \in \mathbf{Z}$ で

$$\alpha = \frac{a + \sqrt{-1}b}{2}$$

となります．そうすれば

$$N(\alpha) = \frac{a^2 + b^2}{4} \in \mathbf{Z}, \ a^2 + b^2 \equiv 0 \pmod{4}$$

です．ここで a（または b）が奇数ならば b（または a）も奇数ですが，そうならば $a^2 + b^2 \equiv 2 \pmod{4}$ で矛盾．結局 a, b ともに偶数であり，$x, y \in \mathbf{Z}$ となります．

$Q(\sqrt{-1})$ はガウスの数体とよばれます．この場合 (?) は

$$\mathbf{Z}[\sqrt{-1}] = \{x + \sqrt{-1}y : x, y \in \mathbf{Z}\}$$

にほかありません．$\mathbf{Z}[\sqrt{-1}]$ はガウスの整域，その元はガウスの整数とよばれています．

例2 $Q(\sqrt{-3})$, $m = -3 \equiv 1 \pmod{4}$

$Q(\sqrt{-3}) \ni \alpha = x + y\sqrt{-3}$ とすれば

$$N(\alpha) = \alpha\bar{\alpha} = x^2 + 3y^2, \ S(\alpha) = \alpha + \bar{\alpha} = 2x$$

ですから

$$\alpha \in (?) \Leftrightarrow x^2 + 3y^2 \in \mathbf{Z}, \ 2x \in \mathbf{Z}$$

で
$$\Leftrightarrow 2x, 2y \in \mathbf{Z}, 2x \equiv 2y \pmod{2}.$$

（$2x \equiv 2y \pmod 2$）において，今は $x, y \in \mathbf{Z}$ とは限りません．また $2x \equiv 2y \pmod 2$ は $2x, 2y$ はともに偶数またはともに奇数であることを意味しています．）

実際，$2x, 2y \in \mathbf{Z}, 2x \equiv 2y \pmod 2$ とすると，$2x = a, 2y = b$ と書くとき

$$x^2 + 3y^2 = \frac{a^2 + 3b^2}{4}$$

は，a, b がともに偶数ならば明らかに $\in \mathbf{Z}$，またともに奇数ならば，$a^2 \equiv 1, b^2 \equiv 1 \pmod 4$ ですから $a^2 + 3b^2 \equiv 4 \equiv 0 \pmod 4$ であり，たしかに $x^2 + 3y^2 \in \mathbf{Z}$ です．

逆に，$x^2 + 3y^2 \in \mathbf{Z}, 2x \in \mathbf{Z}$ ならば $4x^2 + 12y^2 \in \mathbf{Z}$ より $12y^2 = 3(2y)^2 \in \mathbf{Z}$．ゆえに $2y \in \mathbf{Z}$．そこで $2x = a, 2y = b$ とおけば

$$a^2 + 3b^2 \equiv 0 \pmod 4$$

です．このための必要十分条件は $a \equiv b \pmod 2$，すなわち

$$2x \equiv 2y \pmod 2$$

です．

これで，$\mathbf{Q}(\sqrt{-3})$ の場合

$$(\,?\,) = \left\{ \frac{x + \sqrt{-3}\,y}{2} \,;\, x \equiv y \pmod 2,\ x, y \in \mathbf{Z} \right\}$$

がわかりました．（上の a, b を x, y と書きかえました．）

$m \bmod 4$ の状況により，（？）の様子がちがいますが，

$m \equiv 1 \pmod 4$ ならば

$$\xi = \frac{1 + \sqrt{m}}{2},$$

$m \equiv 2, 3 \pmod 4$ ならば

$$\xi = \sqrt{m}$$

とおくと，どんな m に対しても
$$(?) = \{x + y\xi ; x, y \in \mathbf{Z}\}$$
と，統一的に書くことができます．

　この場合，ξ の満たす 2 次方程式の判別式 d を $Q(\sqrt{m})$ の判別式といいます．すなわち

　$m \equiv 1 \pmod 4$ ならば $\xi = \dfrac{1+\sqrt{m}}{2}$ の満たす 2 次方程式は
$$X^2 - X + \frac{1-m}{4} = 0$$
であり，$d = m$．

　$m \equiv 2, 3 \pmod 4$ ならば $\xi = \sqrt{m}$ の満たす 2 次方程式は
$$X^2 - m = 0$$
であり $d = 4m$．

　これで $Q(\sqrt{m})$ の判別式 d は
$$m \equiv 1 \pmod 4 \quad \text{ならば} \quad d = m$$
$$m \equiv 2, 3 \pmod 4 \quad \text{ならば} \quad d = 4m$$
であることがわかりましたが，読者はここで，前回 5．で述べた'相互法則の本当の意味'における m の条件との一致に注意して下さい．それを今の言葉で書けば，

　'$(m, p) = 1$ とし，2 次体 $Q(\sqrt{m})$ の判別式を d とすれば，$\left(\dfrac{m}{p}\right)$ の値は $\bmod d$ の既約類の半数に属する p に対して 1，他の半数に属する p に対しては -1'
となります．

　そのとき，$\left(\dfrac{m}{p}\right)$ が $Q(\sqrt{m})$ においてどんな役割をもつか，が問題となります．とにかく，平方剰余記号の値が判別式で統制されるところがミソです．

3．
以上で $Q(\sqrt{m})$ の整数が定義されました．以下，ふつうの整数（$\mathbf{Z}$ の数）

を有理整数とよぶことにします．単に整数というときは，$Q(\sqrt{m})$ の整数を意味します．

次に定義すべきことは'整除'ですが，これは Z における整除と同様です．すなわち，α, β を整数とするとき α が β で割り切れるとは，

$$\alpha = \beta\gamma$$

を満たす整数 γ が存在することをいいます．Z の場合と同様，$\beta \mid \alpha$ と書き，β を α の約数といいます．このとき，

$$N(\alpha) = N(\beta\gamma) = N(\beta) \cdot N(\gamma)$$

が成り立ち，$N(\alpha), N(\beta), N(\gamma) \in Z$ ですから

$$N(\beta) \mid N(\alpha)$$

です．

α が整数ならば，$N(\alpha) = \alpha\bar{\alpha} = a$ は有理整数で，α は a の約数です．

有理整数 ± 1 は，その逆数も有理整数であるという特性をもっています．またそのような特性をもつ有理整数は ± 1 以外にはありません．± 1 の類似として，$Q(\sqrt{m})$ の整数 ε で ε^{-1} も整数であるものを $Q(\sqrt{m})$ の単数といいます．そのとき $N(\varepsilon), N(\varepsilon^{-1}) = N(\varepsilon)^{-1}$ はともに有理整数ですから，$N(\varepsilon) = \pm 1$ です．

例3 $Q(\sqrt{-1})$ の単数を $\varepsilon = x + \sqrt{-1}y, x, y \in Z$，とすれば

$$N(\varepsilon) = \varepsilon\bar{\varepsilon} = x^2 + y^2 = 1$$

でなければなりません．このような $x, y \in Z$ の組は

$$(1, 0), (-1, 0), (0, 1), (0, -1)$$

しかありません．すなわち $Q(\sqrt{-1})$ の単数は $\pm 1, \pm i$ の4つです．

例4 $Q(\sqrt{-3})$ の単数を $\varepsilon = x + \xi y, x, y \in Z, \xi = \dfrac{1+\sqrt{-3}}{2}$，とします．

$$\begin{aligned} N(\varepsilon) = \varepsilon\bar{\varepsilon} &= (x + \xi y)(x + \bar{\xi} y) \\ &= x^2 + (\xi + \bar{\xi})xy + \xi\bar{\xi}y^2 \\ &= x^2 + xy + y^2 = 1 \end{aligned}$$

でなければなりません．$\left(\because \quad x^2+xy+y^2=\left(x+\dfrac{1}{2}y\right)^2+\dfrac{3}{4}y^2\geq 0.\right)$

$x^2+xy+y^2=1$ は $(2x+y)^2+3y^2=4$ と書きかえられますから，$3y^2\leq 4$，すなわち $y=0;1;-1$ でなければなりません．これらに対して $x=\pm 1; x=0,-1; x=0,1$ が得られますから，$\omega(\neq 1)$ を 1 の 3 乗根とすれば，結局 $Q(\sqrt{3})$ の単数は

$$\varepsilon=\pm 1,\ \pm\omega,\ \pm\overline{\omega}$$

の 6 個です．

　$m>0$ のとき $Q(\sqrt{m})$ を実 2 次体，$m<0$ のとき虚 2 次体といいます．実 2 次体 $Q(\sqrt{m})$ の単数は無限に多くあり，虚 2 次体 $Q(\sqrt{m})$ の単数は，$m=-1,-3$ 以外では ± 1 の 2 個だけであることが知られています．実 2 次体の単数については，それはそれで長い物語となります．

　α,β が整数で，単数 ε により $\alpha=\varepsilon\beta$ と書かれるとき，α と β は同伴であるといいます．

　$Q(\sqrt{m})$ の整数 α の約数が α の同伴数かまたは単数しかないとき，α は既約であるといいます．

　$Q(\sqrt{m})$ の整数 π が素数であるとは，$\pi\neq 0,\neq$ 単数で，かつ
　'任意の整数 α,β に対し，$\pi\mid\alpha\beta$ ならば $\pi\mid\alpha$ または $\pi\mid\beta$'
という性質をもつことをいいます．

　Z においては'既約な数'と'素数'とは同義でした．しかし，2 次体では，一般にはそれらは異なります．

　例 5　$Q(\sqrt{-5})\ni 2$ は既約です．しかし

$$2\mid 6=(1+\sqrt{-5})(1-\sqrt{-5})$$

は成り立ちますが，$2\mid 1+\sqrt{-5}$ でも $2\mid 1-\sqrt{-5}$ でもありません．すなわち 2

は素数ではありません．

2 が既約なことの証明．$-5 \equiv 3 \pmod 4$ ですから $Q(\sqrt{-5})$ の整数は $x+\sqrt{-5}y$, $x, y \in Z$, の形に書かれます．したがってそのノルムは x^2+5y^2 の形の有理整数です．いま，α, β を整数，$2 = \alpha\beta$ とします．よって両辺のノルムをとれば $4 = N(\alpha)N(\beta)$ で，$N(\alpha), N(\beta)$ はともに x^2+5y^2 の形です．$N(\alpha)=\pm 2, N(\beta)=\pm 2$ とすれば，結局 $x^2+5y^2=\pm 2$ でなければなりませんが，このような $x, y \in Z$ は存在しません．すなわち $N(\alpha)=\pm 4, N(\beta)=\pm 1$ (あるいはその逆) であり，β (または α) は単数となります．

$Q(\sqrt{m})$ の整数全体の集合 (?) が一意分解整域であるとは，(?) の任意の元 α が既約な数の有限積として，一意的に (因数を並べかえること，および因数をその同伴数でおきかえることを除き) 表されることをいいます．一意分解整域であるための必要十分条件は，既約な数と素数とが同義であることです．

Z は一意分解整域です．(整数論の基本定理)．例 5 の $Q(\sqrt{-5})$ は一意分解整域ではありません．

一意分解整域である (?) をもつ 2 次体 $Q(\sqrt{m})$ はどれだけあるか，は数論における基本問題のひとつです．虚 2 次体については $m=-1,-2,-3,-7,-11,-19,-43,-63$ および -163 の 10 個だけであることがわかっています．実はこのことが確定したのは 1967 年のことで，アメリカのスタークと，イギリスのベイカーにより独立に，全く別の方法で，ほとんど同時に証明されました．両者は互いに航空便で報せ合い，おそらく手紙は北極上空ですれ違っただろうといわれています．

4． はじめの問題にもどつて，以下 $Q(\sqrt{-1})$, $Z[\sqrt{-1}]$ だけに話を限ることにします．ここで $Z[\sqrt{-1}] = \{a+b\sqrt{-1}, a, b \in Z\}$ です．

$Z[\sqrt{-1}]$ は一意分解整域です；$Z[\sqrt{-1}]$ では，Z における除法の定理の類似
‘$Z[\sqrt{-1}]$ の任意の元 $\alpha, \beta, \beta \neq 0$, に対し，$\gamma, \delta \in Z[\sqrt{-1}]$ が存在して

$$\alpha = \beta\gamma + \delta, \ |N(\delta)| < |N(\beta)|$$

と書かれる'

が成り立ち，このことから一意分解整域であることが証明されるのです．

目標は，$Z[\sqrt{-1}]$ の素数すなわち，既約な数を決定することです．

1° $\alpha \in Z[\sqrt{-1}]$，で $N(\alpha) = p$ が有理素数ならば，α は素数です．

何故ならば：$\alpha = \beta\gamma$ とすれば，$N(\alpha) = N(\beta) \cdot N(\gamma)$ が有理素数 p ですから，$N(\alpha) = p, N(\gamma) = 1$，（またはその逆）が成り立ち，$\gamma$（または β）は単数です．

2° $\pi \in Z[\sqrt{-1}]$ を素数とすれば，π はちょうどひとつの有理素数の約数です．

何故ならば，$\pi \mid N(\pi)$ ですから π が整除する最小の有理整数 p が存在しますが，p は有理素数です．すなわち $p = ab$ とすれば $\pi \mid p = ab$ で，π は素数ですから $\pi \mid a$ または $\pi \mid b$．p の最小性により，$a = 1$ または $b = 1$ となり，p は有理素数となります．さて q を有理素数，$q \neq p$，とすれば

$$pa + qb = 1, \ a, b \in Z$$

と書かれますから（第4回2．参照），$\pi \mid p$ かつ $\pi \mid q$ ならば $\pi \mid 1$，矛盾．すなわち，π が整除する有理素数はただひとつです．

3° p を有理奇素数とすれば，p 自身 $Z[\sqrt{-1}]$ の素数であるか，または，$p = \pi\bar{\pi}$，π：素数，と書かれるか，のどちらかです．

何故ならば：p はある素数 π で整除されます．すなわち

$$p = \pi\lambda, \ \lambda \in Z[\sqrt{-1}]$$

と書かれます．ゆえに

$$p^2 = N(p) = N(\pi)N(\lambda)$$

が成り立ちますが，ここで

 （イ） $N(\lambda) = 1, N(\pi) = p^2$

 （ロ） $N(\lambda) = p, N(\pi) = p$

の2つの場合があります.

(イ)の場合，λ は単数，したがって p と π は同伴で, p 自身 $\mathbf{Z}[\sqrt{-1}]$ の素数です．(ロ)の場合は $\pi\bar{\pi} = p$ です．

さて，(ロ)の場合は $p \equiv 1 \pmod 4$ が必要十分であり，(イ)の場合は $p \equiv 3 \pmod 4$ が必要十分であることを証明しましょう．

$p \equiv 1 \pmod 4$ ならば $\left(\dfrac{-1}{p}\right) = 1$．すなわち -1 は $\bmod p$ の平方剰余ですから $x^2 \equiv -1 \pmod p$ となる $x \in \mathbf{Z}$ が存在します．よって

$$p \mid x^2 + 1 = (x + \sqrt{-1})(x - \sqrt{-1})$$

です．p が $\mathbf{Z}[\sqrt{-1}]$ の素数ならば

$$p \mid x + \sqrt{-1} \quad \text{または} \quad p \mid x - \sqrt{-1}$$

でなければなりません．しかし，

$$\frac{x}{p} + \frac{\sqrt{-1}}{p}, \quad \frac{x}{p} - \frac{\sqrt{-1}}{p}$$

は整数ではありません．ゆえに p は $\mathbf{Z}[\sqrt{-1}]$ の素数ではありません．したがって(ロ)の場合が，すなわち $\pi\bar{\pi} = p$ が，成り立ちます．

逆に，$\pi\bar{\pi} = x^2 + y^2 = p$（奇数）とすると $x^2 \equiv 0, 1$，$y^2 \equiv 0, 1 \pmod 4$ ですから $x^2 \equiv 0$，$y^2 \equiv 1$，または $x^2 \equiv 1$，$y^2 \equiv 0 \pmod 4$ の組み合せしかありません．よって $p \equiv 1 \pmod 4$ です．

これで(ロ)の場合は $p \equiv 1 \pmod 4$ に対応することがわかりました．したがって，(イ)の場合は $p \equiv 3 \pmod 4$ に対応することになります．

さらに，はじめの問題

'p を奇数の有理数とする：$p = x^2 + y^2$, $x, y \in Z$, と書かれるための必要十分条件は $p \equiv 1 \pmod 4$ である'

も証明されました．

以上初期の目的は達したのですが，有理素数 2 についてひと言．

$$2 = (1+\sqrt{-1})(1-\sqrt{-1})$$

で，$1+\sqrt{-1}$, $1-\sqrt{-1}$ はともに素数であり，

$$-\sqrt{-1}(1+\sqrt{-1}) = 1-\sqrt{-1}$$

ですから $1+\sqrt{-1}$, $1-\sqrt{-1}$ は同伴です．すなわち，$\lambda = 1+\sqrt{-1}$ とすれば

$$2 = \lambda^2 \quad (\text{同伴})$$

と書かれます．この場合，$N(\lambda) = 2$ です．

以上の文脈のもとに，
(1) $x^2 + y^2 = z^2$ の $(x, y) = 1$ である正の整数解は

$$x = m^2 - n^2,\ y = 2mn,\ z = m^2 + n^2$$
$$(m, n) = 1,\ m > n > 0$$

m, n のうち一方は奇数，一方は偶数により与えられること，

(2) フェルマの問題 $x^4 + y^4 = z^4$ の $xyz \neq 0$ である整数解は存在しないこと

などが証明されます．

また，$m = -3$ の場合，$Q(\sqrt{-3})$ の整数全体の集合

$$\{x + \xi y; x, y \in \mathbf{Z}\},\ \xi = \frac{1+\sqrt{-3}}{2}$$

は，一意分解整域であり，$m = \sqrt{-1}$ の場合と同様の考えで
'有理素数 p が

$$p = x^2 + 3y^2 \quad x, y \in \mathbf{Z}$$

と書かれるための必要十分条件は

$$p = 3 \quad \text{または} \quad p \equiv 1 \pmod{3}$$

である'

ことが証明されます．さらに $Q(\sqrt{-3})$ の整数論により

フェルマの問題 '$x^3 + y^3 = z^3 = xyz \neq 0$, を満たす整数 x, y, z は存在しない'

を証明することができます．

11. 不等式の整数解

1. 方程式の整数解を求めるディオファンタスの問題はすでに話題に取り上げましたが，等号を不等号でおきかえた，不等式の整数解をさがすことを考えましょう．

基本になるのは，

（Ⅰ） ω を与えられた無理数とするとき，任意の自然数 n にたいして

(1) $$0 < x \leq n, \quad |\omega x - y| < \frac{1}{n}$$

を満たす整数の組 (x, y) は存在するか，存在するならばそれを求めよ，という問題です．

幾何学的には

$$\omega x - y = \pm 1/n$$

のグラフを描いてみれば，問題は，図の斜線を施した帯状の部分に格子点がふくまれるか，と言うことになります．ここで，(x, y) が格子点とは $x, y \in \mathbf{Z}$ であることをいいます．

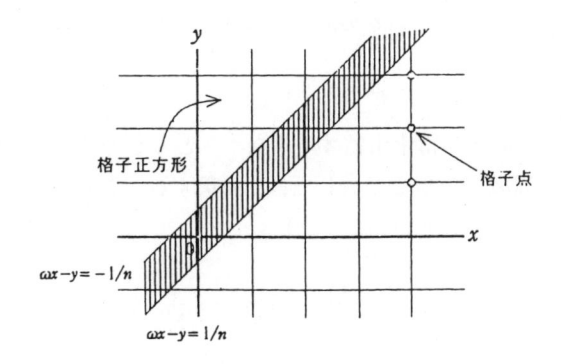

(1)の不等式の両辺を x で割れば，

(2) $$\left|\omega - \frac{y}{x}\right| < \frac{1}{x^2}$$

となりますから，与えられた ω にたいし，不等式(2)を満たすような近似分数は存在するか，といいかえられます．一般に実数は有理数列の極限ですから，ω に接近する分数が存在することは確かですが，今はその分数の分母と誤差とのあいだに関係があることに注意してください．

例1 $\omega = \sqrt{2} = 1.41421356\cdots$ において '近似分数' として

$$1.4 = 14/10 = 7/5,\ 1.41 = 141/100$$

を選ぶと，

$$\sqrt{2} - \frac{7}{5} = 0.0142\cdots < \frac{1}{5^2}$$

が成り立ちますから，整数の組 $(5, 7)$ は(2)を満たしています．しかし，$\frac{141}{100}$ にたいしては

$$\sqrt{2} - \frac{141}{100} = 0.042\cdots > \frac{1}{(100)^2}$$

であり，整数の組 $(100, 141)$ は(2)を満たしていません．

もちろん，$\sqrt{2}$ にたいする(2)の解は $(5, 7)$ 以外にもあり得ます．また $\frac{141}{100}$ は $\sqrt{2}$ に '近い' 分数ですが，(2)の制限内に入らないだけです．

例2 $\omega = \sqrt{5} = 2.2360679\cdots$ とします．

（ついでに，これに '富士山麓オームなく' とルビをふった，何十年か前の先達はオウム真理教の出現を予言した，と解釈することができるでしょう．このようなことを牽強付会といいます．）

$$\sqrt{5} - \frac{11}{5} = 0.036\cdots < \frac{1}{5^2}$$

ですから，$(5, 11)$は(2)の整数解です．しかし，

$$\sqrt{5} - \frac{223}{100} = 0.0060 \cdots > \frac{1}{(100)^2}$$

であり，$(100, 223)$は(2)を満たしません．

　これらの例から見て，無理数の普通の無限小数展開からは，(2)の満足な解は組織的には得られそうにないことが分かります．

2． ディリクレは，部屋割り論法と呼ばれる簡単な原理を用いて(1)の整数解が存在することを証明しました．部屋割り論法とは
　　'n個の部屋に，$n+1$個（あるいは，nより多く）の物を配置す
　　れば，二つ以上の物が配置される部屋が必ずある'
というものです．

　'部屋'のかわりに'引き出し'といってもよいわけで，そのときは'引き出し論法'といいます．外国では，'n個の物'のかわりに'n羽の鳩'，'部屋'の代わりに'巣'を用い，'鳩の巣原理'（the principle of pegion hole）と呼ぶ方が多いようです．

　ディリクレの証明は次のとおりです：

　nを任意の自然数として，区間$[0, 1)$をn等分し，n個の小区間を

(3) $$\left(0, \frac{1}{n}\right\}, \left\{\frac{1}{n}, \frac{2}{n}\right\}, \cdots, \left\{\frac{n-1}{n}, 1\right)$$

とします．そのとき，$n+1$個の数

$$\omega x_i, \ i = 0, 1, \cdots, n$$

のおのおのにたいして，$[\omega x_i] = y_i$を考えれば，$n+1$個の数$\omega x_i - y_i$はすべて区間$[0, 1)$に属します．すなわち，それら$n+1$個の数は，(3)のn個の区間に分配されることになり，部屋割り論法によって，二つの数$\omega x_i - y_i, \omega x_j - y_j$が同一小区間に属することになります．ゆえに

$$\left|(\omega x_i - y_i) - (\omega x_j - y_j)\right| < \frac{1}{n}.$$

$x = x_i - x_j$, $y = y_i - y_j$ とおけば

$$0 < x \leq n, \quad |\omega x - y| < \frac{1}{n}$$

です.

この (x, y) はもちろん (2) の解にもなっています:

$$\left|\omega - \frac{y}{x}\right| < \frac{1}{nx} \leq \frac{1}{x^2}.$$

上記結果は一般に, 任意の実数 $\nu > 1$ にたいして拡張されます: すなわち

$$|x| \leq \nu, \quad |\omega x - y| < \nu$$

を満たす整数の組 $(x, y) \neq (0, 0)$ が存在する.

このことは, n を $[\nu]+1$ でおきかえて, おなじように証明されます.

また, (2) を満たす整数の組 (x, y) が無限に多く存在します.

その証明には, $\left|\omega - \frac{y}{x}\right| < \frac{1}{x^2}$ としたとき, $\frac{1}{|\omega x - y|}$ より大きい ν' にたいして $\left|\omega - \frac{y'}{x'}\right| < \frac{1}{x'\nu'}$ の整数解 (x', y') を求めればよいのです.

3.

部屋割り論法の 2 次元 (面積) 版を考えましょう. 2 次元版には, 名前が付いていないようです. まあ言えば, '切り張り論法' とでも呼べばよいのでしょうか.

それは, 次のとおりです:

平面上に格子が設定されているとします. (格子正方形の面積は 1).

(II) 平面上に面積 $s > 1$ の有界図形を描き色を塗る. 格子線に沿ってハサミを入れ, 各切られた図形の部分を含む格子正方形を平行移動して一つの格子正

方形上に集めれば，色を塗った部分で重なるところが必ず存在する．

しかも，重なり方としては少なくとも $[s]+1$ 重になっているところがなければなりません．（図形は，s が整数でなければ，少なくとも $[s]+1$ 個の格子正方形にまたがっています．s が整数のときは図形に周を付け加えて考えます．以下同様．）

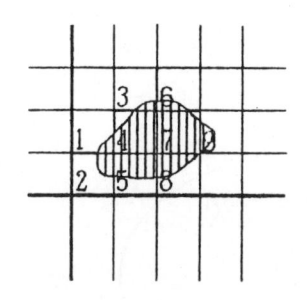

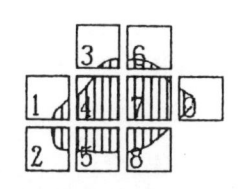

格子線に沿いハサミをいれる．

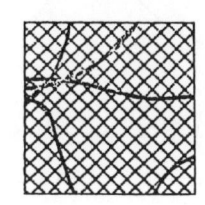

例えば，1に集める．
図では，1に 2, 3, 4, 5 を集めた．

このことから，

(III) 面積 ≥ 1 の平面有界図形は，$P-Q$ が整数座標をもつような点 P, Q を含む，ことが分かります（IVの証明参照）．

ここで，$P=(x, y)$, $Q=(x', y')$ とするとき，$P-Q=(x-x', y-y')$ です．ついでに $\frac{1}{2}P = \left(\frac{1}{2}x, \frac{1}{2}y\right)$ です．さらにこの結果を用いて，つぎのミンコウスキーの定理を証明することができます：

(IV) 'A を，原点に関して対称な凸平面図形で面積が ≥ 4 とすれば，A はその内部または周上に原点以外の格子点を含む．'

ここで A が凸平面図形であるとは，A の任意の二点を結ぶ線分が A に含まれることを言います．また，原点に関して対称とは，A が $P=(x, y)$ を含むなら

ば，$-P = (-x, -y)$ も含むことを言います．

 証明：原点を中心にして A を半分に縮小した図形を A' とすれば，A' の面積は ≥ 1 ですから，A' はその内部または周上に，$P-Q$ が整数座標をもつような点 P, Q を含みます．このとき，$2P, 2Q$ は A に属し，また A の原点に関する対称性により，$-2Q$ も A に属します．このとき，A の凸性により点 $2P$ と点 $-2Q$ を結ぶ線分は A に属し，特にその中点 $P - Q = \frac{1}{2}(2P - 2Q)$ も A に属します．すなわち，$P - Q$ は A に含まれる，原点でない格子点です．

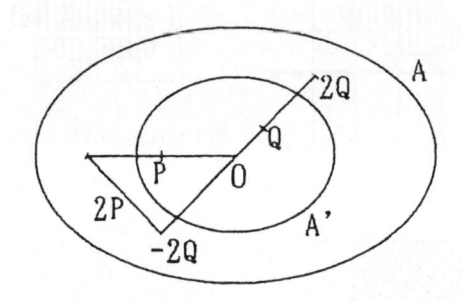

4本の直線が囲む領域は有界な凸平面図形ですから，上記結果を適用することができます．そうすれば，つぎの'ミンコウスキーの一次式定理'が得られます：

（V） a, b, c, d を実数とし，$ad - bc = \Delta \neq 0$ とする．さらに，h, k を正の数，$hk = |\Delta|$ とする．そのとき，連立不等式

$$|ax + by| \leq h, \quad |cx + dy| \leq k$$

は $(0, 0)$ 以外の整数解をもつ．

 以上の結果は一般に n-次元空間に拡張することができます．（そのときは，条件'面積は ≥ 4' は 'n-次元体積は $\geq 2^n$' となります．'凸'，'原点に関して対称'もまったく同様に定義されます．）

 上では'部屋割り'のような簡単な原理，'切り張り'のような図形に関する直感的な推論から重要な結果が生み出されていることに注意してください．

このような図形の幾何学を数論の研究において組織的に展開したのは，上にもでてきたミンコウスキーで，そこに"数の幾何学"と呼ばれる分野が開かれました．

また，ディリクレはミンコウスキーの一次式定理の n-次元版を用いて有名な'単数定理'を証明しています．その着想は，システィナ礼拝堂においてローマ謝肉祭の音楽を聴いているときに得られたということです．さて，切り張り論法により証明される明解な事実を紹介しましょう：

(Ⅵ) A を面積が s の平面図形とすれば，適当に A を平行移動して $[s]+1$ 個の格子点を含むようにすることができる．

証明：切り張り論法により，切った部分を一つの格子正方形に集めたとき，$[s]+1$ 重に重なるところがあります．そこにピンをさして穴をあけ，切り張りをもとにもどせば，図形 A には $[s]+1$ 個のピン穴があけられており，それらの座標の差は整数値です．そこで A を一つのピン穴が格子点となるように平行移動すればよいのです．

(Ⅳ)では A を原点に関して対称な凸平面図形としました．しかし，原点を一つの格子点に平行移動してみれば，A は '一つの格子点に関して対称な凸平面図形' としてもかまいません．A が格子点 O に関して対称とは，P が A の点ならば O に関して P と対称な点も A に含まれる，と云うことです．

(Ⅳ)の応用をひとつ．

'a, b, c を実数，$a > 0$, $\Delta = 4ac - b^2 > 0$ とする．このとき，

$$ax^2 + bxy + cy^2 \leq \frac{2\sqrt{\Delta}}{\pi}$$

は，$(0, 0)$ でない整数解をもつ'

証明：$\Delta > 0$ ですから，2次曲線

(∗) $\qquad ax^2 + bxy + cy^2 = \dfrac{2\sqrt{\Delta}}{\pi}$

は，楕円です．すなわち線形代数でよく知られたように，ある行列 C（実は回転をあらわす行列）により

$$\,^tC \begin{pmatrix} a & \frac{1}{2}b \\ \frac{1}{2}b & c \end{pmatrix} C = \begin{pmatrix} \alpha & 0 \\ 0 & \beta \end{pmatrix},$$

$$\alpha\beta = \frac{1}{4}\Delta, \ \alpha, \beta > 0,$$

と変換することができますから

$$(x, y) = (\xi, \eta) C$$

とおけば，（*）は

$$\alpha \xi^2 + \beta \eta^2 = \frac{2\sqrt{\Delta}}{\pi}$$

となります．実際これは楕円であり，面積は

$$\frac{\pi}{\sqrt{\alpha\beta}} \cdot \frac{2\sqrt{\Delta}}{\pi} = 4.$$

ゆえに，（*）は原点に関して対称な凸平面図形で，(Ⅳ)により（*）を満たす整数の組 (x, y) が存在します．

さて(Ⅰ)に戻って，ディリクレにより整数解の存在は分かりました．ではその整数解を実際に，系統的に求めるにはどうすればよいでしょうか．そのために無限連分数と云うものを導入します．

実数をあらわすには，小数が用いられます．小数には有限小数と無限小数があり，そのうち有限小数と循環無限小数は分数（有理数）を表します．ここで，循環無限小数とは 0.0885123123123… のようにあるところから先のつながった部分が無限に繰り返される小数のことです．

小数には無限に続く無限小数がありますが，そのような分数は考えられないでしょうか．つまり，比例式

$$\text{有限小数：無限小数＝分数：？}$$

を満たす？の部分は何でしょうか．それが無限連分数です．

ここで，少しだけ無限連分数に触れておきます．みなさんは，ユークリッドの互除法をご存じでしょう．a, b を正の整数とすれば，除法の定理

$$a = bk_0 + r, \ 0 \leq r < b,$$

が成り立ちます．$r \neq 0$ ならば，再び除法の定理を用い，

$$b = rk_1 + r_1, \ 0 \leq r_1 < r,$$

と書きます．$r_1 \neq 0$ ならばまたまた除法の定理を適用し……．この操作を続ければ等式の有限列

$$r = r_1 k_2 + r_2, \qquad 0 < r_1 < r_2,$$
$$r_1 = r_2 k_3 + r_3, \qquad 0 < r_2 < r_3,$$
$$\cdots\cdots\cdots$$
$$r_{n-2} = r_{n-1}k_n + r_n, \qquad 0 < r_{n-1} < r_n$$
$$r_{n-1} = r_n k_{n+1}$$

が得られ，r_n が a と b の最大公約数を与えます．有限列であることは，

$$b > r > r_1 > r_2 > \cdots \geq 0$$

であることから明らかです．

さて，第一式の両辺を b で割れば

$$\frac{a}{b} = k_0 + \frac{r}{b} = q_0 + \cfrac{1}{\cfrac{b}{r}}$$

です．これに，さらに第二式の両辺を r で割って得られる

$$\frac{b}{r} = k_1 + \frac{r_1}{r} = k_1 + \cfrac{1}{\cfrac{r}{r_1}}$$

を代入すれば，

$$\frac{a}{b} = k_0 + \cfrac{1}{k + \cfrac{1}{\cfrac{r}{r_1}}}$$

となります．この操作を続ければ

$$\frac{a}{b} = k_0 + \cfrac{1}{k_1 + \cfrac{1}{k_2 + \cfrac{1}{\cdots\cdots \cfrac{}{k_{n-1} + \cfrac{1}{k_n}}}}}$$

が得られます．

　これが有限連分数です．簡単のため，この連分数を

$$\frac{a}{b} = [k_0, k_1, k_2, \cdots, k_n]$$

と書きます．無限連分数はこの記号で

$$[k_0, k_1, k_2, \cdots, k_n, k_{n+1}, \cdots]$$

と書かれるものです．ここで，あるところから先の連続した部分が無限に繰り返される無限連分数を，循環［無限］連分数と云います．

例3　$\sqrt{2} = 1 + (\sqrt{2} - 1) = 1 + \cfrac{1}{\cfrac{1}{\sqrt{2}-1}}$

$\qquad = 1 + \cfrac{1}{\sqrt{2}+1} = 1 + \cfrac{1}{2+(\sqrt{2}-1)}$

$\qquad = 1 + \cfrac{1}{\cfrac{1}{\sqrt{2}-1}}$

これより，

$$\sqrt{2} = [1, 2, 2, \cdots]$$

であることがわかります．これは，2 が限りなく繰り返される循環連分数です．一般に，ω を無理数，$[\omega] = k_0$ とします．

$$\omega = k_0 + \frac{1}{\omega_1}$$

とおけば $\omega_1 > 1$ です．$k_1 = [\omega_1]$ とし

$$\omega_1 = k_1 + \frac{1}{\omega_2}$$

とおきます．このような操作を続行すれば

$$\omega = [k_0, k_1, \cdots, k_{n-1}, \omega_n], \ k_m < \omega_m < k_m + 1$$

が得られます．そして

$$[k_0, k_1, \cdots, k_{n-1}] = \frac{p_n}{q_n}$$

とおくとき

$$\lim_{n \to 0} \frac{p_n}{q_n} = \omega$$

が証明されます．分数

$$\frac{p_n}{q_n}$$

を ω の近似分数といいます．これが，(2)の解を与えること，すなわち

$$\left| \omega - \frac{p_n}{q_n} \right| < \frac{1}{q_n^2}$$

であることが知られています．

例4． $\sqrt{2} = [1, 2, 2, \cdots]$ でした．

$$[1, 2] = 1 + \frac{1}{2} = \frac{3}{2}, \ \left| \sqrt{2} - \frac{3}{2} \right| \fallingdotseq 0.0857 \cdots < \frac{1}{4}$$

$$[1, 2, 2] = 1 + \frac{1}{2 + \frac{1}{2}} = \frac{7}{5}, \ \left| \sqrt{2} - \frac{7}{5} \right| \fallingdotseq 0.014 \cdots < \frac{1}{25}$$

$$[1, 2, 2, 2] = \frac{17}{12}, \ \left| \sqrt{2} - \frac{17}{12} \right| \fallingdotseq 0.00245 \cdots < \frac{1}{144}$$

連分数は極めて興味深い対象です．たとえば，既約な整数係数の2次方程式の解である実数を，2次の無理数と云うことにすると，

循環連分数は 2 次の無理数であり，逆に 2 次の無理数は循環連分数
であらわされる

こと，すなわち比例式

　　　　循環小数 : 分数（有理数）
　　　　　＝循環連分数 : 2 次の無理数

が成り立つこと，が証明されます．これを拡張することはできないものでしょうか？ 例えば，3 次の無理数を同様に定義するとき，その〇〇展開というものがあって循環〇〇展開が定義され，上の比例式に

　　　　　＝循環〇〇展開 : 3 次の無理数

が追加される，と云ったような．こんなことがあれば，面白いのですが．

自然対数の底 e = 2.71828 18284 590 … （舟人矢にやいや（やいやは，囃し言葉，那須与一の故事にもとづく）木村勇三氏）は，超越数（どんな整数係数方程式の解にもならない数）であり，小数展開に於ける数の並び方は無規則そのものといった感がありますが，その連分数展開はオイラーにより

$$e = [2, 1, 2, 1, 1, 4, 1, 1, 6, 1, 1, 8, 1, \cdots]$$

であることが知られています．驚くべきことに，最初の 2 は除いて，あとは 1, 2, 1 ; 1, 4, 1 ; 1, 6, 1 ; 1, 8, 1, … と極めて規則的に並んでいます．

また，π = 3.1415926535 … （産医師異国に向かう．産後厄なく，産婦御社（みやしろ）に，虫さんざん闇になく，……）を用いて連分数展開を求めれば

$$\pi = [3, 7, 15, 1, 292, 1, 1, 1, 2, 1, 3, 1, 14, 2, 1, 1, 2, 2, 2, 2, 1,$$
$$84, 2, 1, 1, 15, 3, \cdots]$$

であり，規則性は無さそうです．π も超越数ですが，e に比べて超越性が高い（有理数からは，より遠くかけ離れている），というべきでしょうか．

この場合，π の小数表示をどこまで用いれば連分数表示はどこまで正しいかという問題がありますが，ここでは割愛します．上に与えた π の連分数表示は，Wallis（英 ; 1616-1703）（ε-δ 論法の創始者）が π の 35-桁表示を用いて計算したものの一部です．

π の近似分数は，

$$\frac{3}{1}, \frac{22}{7}, \frac{333}{106}, \frac{355}{113}, \frac{103993}{33102}, \cdots$$

ですが，すでに5世紀に，宋の祖沖之は $\frac{22}{7}$（約率），$\frac{355}{113}$（密率）を発見しています．ヨーロッパでは，はるかに遅れて16世紀に Adrian が $\frac{355}{113}$ を発見しています．

（高木貞治：初等整数論講義．共立出版，およびベイカー：初等数論講義，サイエンス社，のお世話になりました．）

12. 連分数と2次の無理数

1. 前回,無限連分数について少しばかり触れました.それは,
$$[k_0, k_1, k_2, \cdots, k_n, \cdots]$$
と書かれるもので,$k_i, i = 0, 1, 2, \cdots$ は,任意の定数です.

記号の意味は

$$[k_0, k_1, k_2, \cdots, k_n, \cdots]$$
$$= k_0 + \cfrac{1}{k_1 + \cfrac{1}{k_2 + \cfrac{1}{\cdots\cdots\cdots \cfrac{}{k_n + \cfrac{1}{k_{n+1} + \cfrac{1}{\cdots\cdots}}}}}}$$

であり,無限につながった'ユークリッドの互除法'の等式列

(1) $\begin{cases} x_0 = k_0 x_1 + x_2, \\ x_1 = k_1 x_2 + x_3, \\ \cdots\cdots, \\ x_n = k_n x_{n+1} + x_{n+2}, \\ \cdots\cdots, \end{cases}$

から,

$$\frac{x_0}{x_1} = k_0 + \frac{x_2}{x_1} = k_0 + \frac{1}{\dfrac{x_1}{x_2}}$$

$$= k_0 + \cfrac{1}{k_1 + \cfrac{x_3}{x_2}}$$

$$= k_0 + \cfrac{1}{k_1 + \cfrac{1}{\cfrac{x_2}{x_3}}}$$

のようにして導かれます.

　このような無限等式列は正五角形の辺と対角線の関係から実際に得られます：

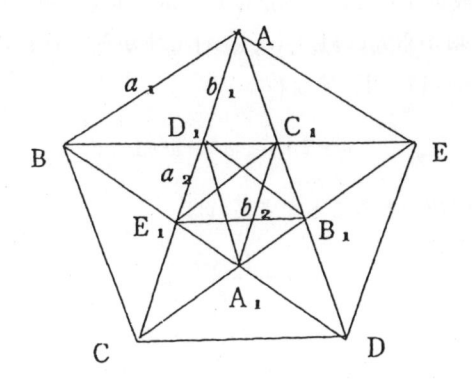

ここで，ABCDE は正五角形です．その対角線をひくと小正五角形 $A_1B_1C_1D_1E_1$ が得られます．さらに，$A_1B_1C_1D_1E_1$ の対角線をひけば小小正五角形 $A_2B_2C_2D_2E_2$ が得られるでしょう．こうして，中へ中へと無限に続く正五角形の列が得られます.

　ABCDE の辺の長さを a_1，対角線の長さを b_1，$A_1B_1C_1D_1E_1$ の辺の長さを a_2，対角線の長さを b_2，…とします．頂角 ∠A, ∠B, ∠C, ∠D, ∠E はそれぞれ対角線により三等分されます．したがって

　　△ABD_1, △ABE_1 は二等辺三角形

　　△$BCE_1 \equiv$ △A_1C_1E （合同），

　　△$ABE_1 \equiv$ △BCD_1

であり，$a_1 = AB = AE_1 = CD_1$, $CE_1 = A_1C_1 = b_2$, すなわち

$$b_1 = a_1 + b_2, \ a_1 = b_2 + a_2$$

が成り立ちます．同様にして

$$b_2 = a_2 + b_3, \ a_2 = b_3 + a_3, \cdots$$

が得られますから，これは（$x_0 = b_1, x_1 = a_1, x_2 = b_2, x_3 = a_2, \cdots$ とおきかえれば）(1) にほかありません（ただし，すべての $k_i = 1$）．

これから得られる連分数は

$$\omega = [1, 1, \cdots, 1, \cdots]$$

です．この右辺が収束することは仮定して，ω の値を求めましょう．

ω の右辺の第二項から先は $[1, 1, \cdots, 1, \cdots]$ ですからこれも ω です（無限の効用）．したがって $\omega = [1, \omega]$，すなわち

$$\omega = 1 + \frac{1}{\omega}, \ \omega^2 = \omega + 1$$

ですから，ω が正の数であることを考えれば

$$\omega = \frac{1 + \sqrt{5}}{2}$$

です．

この数は古くから黄金数とよばれ，$1 : \dfrac{1 + \sqrt{5}}{2}$ はもっとも美しく調和のとれた比であるとされています．また上述の正五角形で1辺の長さを1とすれば対角線の長さは黄金数です．

2． 無限等式列(1)にたいして，p_n, q_n を

$$p_0 = 1, \ p_1 = k_0, \quad p_n = p_{n-1}k_{n-1} + p_{n-2}, \ n \geq 2,$$
$$q_0 = 0, \ q_1 = 1, \quad q_n = q_{n-1}k_{n-1} + q_{n-2}, \ n \geq 2,$$
$$r_1 = 0, \ r_2 = 1, \quad r_n = r_{n-1}k_{n-1} + r_{n-2}, \ n \geq 2$$

により定義します．たとえば，

$$p_2 = k_0 k_1 + 1, \quad p_3 = k_0 k_1 k_2 + k_0 + k_2, \cdots$$
$$q_2 = k_1, \quad q_3 = k_1 k_2 + 1, \quad q_4 = k_1 k_2 k_3 + k_1 + k_3, \cdots$$
$$r_3 = k_2, \quad r_4 = k_2 k_3 + 1, \quad r_5 = k_2 k_3 k_4 + k_2 + k_4, \cdots$$

です．$1 = p_0 = q_1 = r_2 ; p_2, q_3, r_4$（式の形が同じ，添え数がずれているだけ）など，一つずつ番号がずれていることに注意してください．

このとき

(2) $\qquad x_0 = p_n x_n + p_{n-1} x_{n+1}, \ (n = 1, 2, \cdots)$

(3) $\qquad x_1 = q_n x_n + q_{n-1} x_{n+1}, \ (n = 1, 2, \cdots)$

(4) $\qquad x_2 = r_n x_n + r_{n-1} x_{n+1}, \ (n = 1, 2, \cdots)$

が成り立ちます．

(2)の証明．n に関する帰納法．$n = 1$ のとき，(2)は(1)の第一式にほかありません．(2)が $n-1$ にたいして成り立つとします．すなわち

$$x_0 = p_{n-1} x_{n-1} + p_{n-2} x_n.$$

この x_{n-1} に(1)の第 n 式を代入すれば

$$\begin{aligned} x_0 &= p_{n-1}(k_{n-1} x_n + x_{n+1}) + p_{n-2} x_n \\ &= (p_{n-1} k_{n-1} + p_{n-2}) x_n + p_{n-1} x_{n+1} \\ &= p_n x_n + p_{n-1} x_{n+1}. \end{aligned}$$

これで(2)は証明されました．

(3), (4)の証明．(2)は(1)の第一式から始めたものであり，第二式，第三式から始めれば(3), (4)が証明されます．

(1)の第一式に(2), (3), (4)を代入して得られる式において x_n の係数を比較すれば

(4) $\qquad p_n = k_0 q_n + r_n, \ n \geq 2$

が得られます．

p_n は(1)の第一式からはじめて，$k_0, k_1, k_2, \cdots, k_{n-1}$ を用いて定義されます．q_n は第二式からはじめて，$k_1, k_2, k_3, \cdots, k_{n-1}$ を用いて，r_n は第三式からはじめて，$k_2, k_3, k_4, \cdots, k_{n-1}$ を用いて定義されています．同様に，$s_n, t_n, \cdots$ を第四式，第五式，…から始めて，それぞれ

$$k_3, k_4, k_5, \cdots, k_{n-1},$$
$$k_4, k_5, k_6, \cdots, k_{n-1},$$
$$\cdots\cdots$$

を用いて同じように定義することができます．そうすれば，(5)と同様な関係式

(5)´
$$q_n = k_1 r_n + s_n, \ r_n = k_2 s_n + t_n, \cdots$$

が得られます．

次に基本的な関係式

(6)
$$p_n q_{n-1} - p_{n-1} q_n = (-1)^n$$

を証明しましょう．
実際，(2)，(3)を(6)の左辺に代入すれば

$$\begin{aligned} &p_n q_{n-1} - p_{n-1} q_n \\ &= (p_{n-1} k_{n-1} + p_{n-2}) q_{n-1} - p_{n-1} (q_{n-1} k_{n-1} + q_{n-2}) \\ &= -(p_{n-1} q_{n-2} - p_{n-2} q_{n-1}) \end{aligned}$$

となりますが，この右辺は，左辺の n を $n-1$ でおきかえ -1 を乗じたものです．したがってこの操作を続ければ，

$$\begin{aligned} p_n q_{n-1} - p_{n-1} q_n &= -(p_{n-1} q_{n-2} - p_{n-2} q_{n-1}) \\ &= (-1)^2 (p_{n-2} q_{n-3} - p_{n-3} q_{n-2}) \\ &\cdots\cdots \\ &= (-1)^{n-1} (p_1 q_0 - p_0 q_1) = (-1)^n \end{aligned}$$

となります．

ここで，前回述べたこと：

(7)
$$[k_0, k_1, \cdots, k_{n-1}, k_n] = \frac{p_{n+1}}{q_{n+1}}$$

を証明しましょう．

証明． (2)，(3)，(5)，(5)´を用いて，

$$\frac{p_{n+1}}{q_{n+1}} = \frac{k_0 q_{n+1} + r_{n+1}}{q_{n+1}} = k_0 + \frac{r_{n+1}}{q_{n+1}}$$

$$= k_0 + \frac{1}{\frac{q_{n+1}}{r_{n+1}}} = k_0 + \frac{1}{k_1 + \frac{s_{n+1}}{r_{n+1}}}$$

$$\cdots\cdots\cdots$$

$$= [k_0, k_1, k_2, \cdots, k_{n-1}, k_n].$$

さて，(6)によれば p_n と q_n は互いに素です．したがって(7)の右辺は既約分数であることに注意してください．

さらに，任意の数 ω_n にたいして

(8) $$[k_0, k_1, k_2, \cdots, k_{n-1}, \omega_n] = \frac{p_n \omega_n + p_{n-1}}{q_n \omega_n + q_{n-1}}$$

が成り立つことも証明されます．それには $p_{n+1}, q_{n+1}, r_{n+1}, \cdots$ などの定義において k_n を ω_n でおきかえて上と同様に計算すればよいのです．（今は n は固定されています．）

3. 第三回 '形式的べき級数' でフィボナッチ数列

$$a_0 = a_1 = 1,\ a_n = a_{n-1} + a_{n-2}$$

の一般項

(9) $$a_n = \frac{1}{\sqrt{5}} \left[\left(\frac{1+\sqrt{5}}{2} \right)^{n+1} - \left(\frac{1-\sqrt{5}}{2} \right)^{n+1} \right]$$

を，形式的べき級数の考えを用いて導きました．ここで，初期条件 (a_0, a_1) は $(1, 1)$ に限ることはありません．初期条件が (a_0, a_1) であるフィボナッチ数列を (a_0, a_1) 型フィボナッチ数列ということにしましょう．本来のものは，$(1, 1)$ 型フィボナッチ数列です．

フィボナッチ数列は，連分数にも現れます：上に述べたように $p_0 = 1,\ p = k_0,\ p_2 = k_0 k_1 + 1,\ p_3 = k_0 k_1 k_2 + k_0 + k_2, \cdots$ であり，一般に p_n は n 個の文字 $k_0, k_1, \cdots, k_{n-1}$ の（特殊な型の）多項式です．その多項式としての項数を $\nu(p_n)$ とかけば，p_n の漸化式

$$p_n = k_n p_{n-1} + p_{n-2}$$

より

$$\nu(p_n) = \nu(p_{n-1}) + \nu(p_{n-2})$$

の成り立つことが分かります。$\nu(p_0) = \nu(p_1) = 1$ ですから，$\{\nu(p_n)\}$ は $(1, 1)$ 型フィボナッチ数列です．

つぎに，すべての $k_n = 1$ とします．このときの p_n, q_n を，とくに p^*_n, q^*_n と書きます．そうすれば定義に用いた漸化式は

$$p^*_0 = p^*_1 = 1, \quad p^*_n = p^*_{n-1} + p^*_{n-2},$$
$$q^*_0 = 0, \quad q^*_1 = 1, \quad q^*_n = q^*_{n-1} + q^*_{n-2}$$

となりますから，$\{p^*_n\}$ は $(1, 1)$ 型，$\{q^*_n\}$ は $(0, 1)$ 型のフィボナッチ数列です．

また (7) は

$$[\underbrace{1, 1, 1, \cdots, 1}_{n\text{個}}] = \frac{p^*_n}{q^*_n}$$

ですから，$n = 0, 1, 2, 3, \cdots$ について

$$[\ ] = \frac{p^*_0}{q^*_0}, [1] = \frac{p^*_1}{q^*_1}, [1, 1] = \frac{p^*_2}{q^*_2}, [1, 1, 1] = \frac{p^*_3}{q^*_3}, \cdots$$

を書き並べると，

$$\frac{1}{0}, \frac{1}{1}, \frac{2}{1}, \frac{3}{2}, \frac{5}{3}, \frac{8}{5}, \frac{13}{8}, \frac{21}{13}, \frac{34}{21}, \frac{55}{34}$$

となります．すなわち，上段（分子）には $(1, 1)$ 型フィボナッチ数列 $\{p^*_n\}$ が，下段（分母）には $(0, 1)$ 型フィボナッチ数列 $\{q^*_n\}$ が並び，下段の 0 を除いて云えば，上段の数を一斉にひとつずつ右にずらせば下段の数になっています．（ここで分母の 0 は形式的に書いただけです．）当然

$$p^*_{n-1} = q^*_n, \ n \geq 1$$

が成り立っています．

連分数についての上述の関係からフィボナッチ数列の一般項 p_n の表示式

(9)をもとめることはできそうにありません．もっとも，

$$p*_n = \frac{p*_n}{p*_{n-1}} \cdot \frac{p*_{n-1}}{p*_{n-2}} \cdots \frac{p*_1}{p*_0}$$
$$= \underbrace{[1, 1, \cdots, 1]}_{n \text{個}} \cdot \underbrace{[1, 1, \cdots, 1]}_{n-1 \text{個}} \cdots [1, 1] \cdot [1]$$

という表示は得られますが，連分数では比 p_n/q_n に焦点があるのでしょう．

　等式列(1)において，すべての $k_n = -1$ とおき，負号のついた項を移項すると

$$x_2 = x_1 + x_0, \ x_3 = x_2 + x_1, \cdots,$$
$$x_n = x_{n-1} + x_{n-2}, \cdots$$

となりますから，$\{x_n\}$ はまさにフィボナッチ型の数列です．このときの p_n, q_n をとくに $p°_n, q°_n$ と書きます．そうすれば，

$$p°_0 = 1, \ p°_1 = k_0 = -1, \ p°_2 = k_0 k_1 + 1 = 2,$$
$$p°_3 = k_0 k_1 k_2 + k_0 + k_2 = -3, \cdots,$$
$$q°_1 = 1, \ q°_2 = k_1 = -1, \ q°_3 = 2, \ q°_4 = -3, \cdots$$

であり，実際

$$p°_n = (-1)^n p*_n, \ q°_n = (-1)^{n+1} q*_n$$

であること，したがって

$$\frac{p°_n}{q°_n} = \underbrace{[-1, -1, \cdots, -1]}_{n \text{個}} = -\frac{p*_n}{q*_n}$$
$$= -\underbrace{[1, 1, \cdots, 1]}_{n \text{個}}$$

が分かります．

　さて，一般の k_n の場合，(2), (3)を x_n, x_{n+1} に関する連立方程式とみて解けば，

$$x_n = (-1)^n q_{n-1} x_0 + (-1)^{n+1} p_{n-1} x_1$$

が得られます．

　すべての $k_n = -1$ の場合にたいして，これは

$$x_n = (-1)^n q^\circ_{n-1} x_0 + (-1)^{n+1} p^\circ_{n-1} x_1$$
$$= q^*_{n-1} x_0 + p^*_{n-1} x_1 = p^*_{n-2} x_0 + p^*_{n-1} x_1$$

となります．これは——$(1, 1)$型フィボナッチ数列の一般項p^*_nが(9)であることを知っているとして——(x_0, x_1)型フィボナッチ数列の一般項x_nを与える式です．すべての$k_n = -1$のとき，等式(1)を満たす$\{x_n\}$はフィボナッチ数列でした．したがって，一般のk_nの場合は，その拡張と見ることができます．重み$\{k_n\}$付きの(x_0, x_1)型フィボナッチ数列というべきでしょうか．さらに重み$\{l_n\}$をつけた等式列（(1)のかわりに）

$$x_{n-1} = k_n x_n + l_n k_{n+1}$$

を考えることもできるでしょう．

4． 数ωの連分数展開を考えましょう．$[x]$をいわゆるガウスの記号とします．すなわち，$[x]$は，xを越えない最大の整数です．

$$[\omega] = k_0, \quad \omega = k_0 + \frac{1}{\omega_1}$$

とおきます．このとき，ωが有理数でなければ

$$0 < \frac{1}{\omega_1} < 1, \quad 1 < \omega_1.$$

ですから

$$[\omega_1] = k_1, \quad \omega = k_1 + \frac{1}{\omega_2}, \quad 1 < \omega_2$$

とおくことができます．そうすれば

$$\omega = k_0 + \frac{1}{\omega_1} = k_0 + \cfrac{1}{k_1 + \cfrac{1}{\omega_2}}.$$

ここで，$\omega_2 \neq 0$ならば同様に

$$[\omega_2] = k_2, \quad \omega_2 = k_2 + \frac{1}{\omega_3}, \quad 1 < \omega_3$$

とおくことができますから，上の計算に続けて

$$= k_0 + \frac{1}{k_1 + \dfrac{1}{\omega_2}} = k_0 + \frac{1}{k_1 + \dfrac{1}{k_2 + \dfrac{1}{\omega_3}}}.$$

以下，この操作を続けます．ω が有理数ならば操作は有限回で終わりますが無理数ならばどこまでも続き，無限連分数

(10) $$[k_0, k_1, k_2, \cdots, k_n, \cdots]$$

が得られます．これを ω の連分数展開といいます．前節までは $k_1, \cdots, k_n, \cdots$ は任意の実数でしたが，ここでは作り方から

(11) $\quad k_n$ はすべて整数，かつ k_0 を除いてはすべて正の整数

です．このことから，

$$1 = q_1 \leq q_2 < \cdots < q_n < \cdots,$$

が分かります．よって

(12) $\qquad\qquad n \to \infty$ のとき $q_n \to \infty$．

つぎに

(13) $$\lim_{n \to \infty} \frac{p_n}{q_n} = \omega$$

を証明しましょう．

証明．(8)より

$$\omega = [k_0, k_1, k_2, \cdots, k_{n-1}, \omega_n]$$
$$= \frac{p_n \omega_n + p_{n-1}}{q_n \omega_n + q_{n-1}}$$

ですから，$\omega_n < k_n$ および (6) を用いれば

$$\frac{p_n}{q_n} - \omega = \frac{p_n}{q_n} - \frac{p_n \omega_n + p_{n-1}}{q_n \omega_n + q_{n-1}}$$

$$= \frac{(-1)^n}{q_n(q_n \omega_n + q_{n-1})}$$

(14) $\left|\dfrac{p_n}{q_n} - \omega\right| = \dfrac{1}{q_n(q_n \omega_n + q_{n-1})} < \dfrac{1}{q_n q_{n+1}} < \dfrac{1}{q_n^2}$

で，(12)により(13)は証明されました．

逆に，(11)をみたす $k_0, k_1, \cdots, k_n, \cdots$ を用いて連分数

$$[k_0, k_1, \cdots, k_n, \cdots]$$

を作れば，それは収束し，その極限値の連分数展開は上に等しいことが分かります．

5．

さて今回の目標は，前回述べたこと

$$2 \text{ 次の無理数} = 循環連分数$$

の証明です．ここでは，(11)を満たす連分数だけが対象です．

循環連分数とは $[1, 2, 3, 5, 6, 5, 6, 5, 6, \cdots]$ のように，あるところからさきのブロックが限りなく繰り返される連分数のことです．一般に，繰り返されるブロックをバーで示し，

$$[k_0, k_1, \cdots, k_{n-1}, k_n, \cdots, k_m, k_n, \cdots, k_m, \cdots] = [k_0, k_1, \cdots, k_{n-1}, \overline{k_n, \cdots, k_m}]$$

と書き表します．

ω を上で与えられた循環連分数とし，ω が 2 次の無理数であることを証明します．

$$\omega_n = [\overline{k_n, \cdots, k_m}], \quad \frac{p_n}{q_n} = [k_0, k_1, \cdots, k_{n-1}]$$

とおけば

(15) $\omega_n = [k_n, \cdots, k_m, \omega_n] = \dfrac{p'_l \omega_n + p'_{l-1}}{q'_l \omega_n + q'_{l-1}},$

$$l = m - n + 1, \quad [k_n, \cdots, k_m] = \frac{p'_l}{q'_l}$$

(16)
$$\omega = [k_0, k_1, \cdots, k_{n-1}, \omega_n] = \frac{p_n \omega_n + p_{n-1}}{q_n \omega_n + q_{n-1}}$$

と書かれます.

まず, (15)より, ω_n は2次の無理数です. 何故ならば(15)の分母をはらい, 整理すれば, ω_n の満たす整数係数2次方程式が得られるからです.

つぎに, (16)を ω_n について解き, それを今得た ω_n の2次方程式に代入すれば ω の満たす2次方程式が得られます.

逆に, ω を2次の無理数とし, ω の連分数展開が循環することを証明しましょう. その前に, 2次の行列について少しばかり復習します.

$A = \begin{pmatrix} a & b \\ c & d \end{pmatrix}$ にたいして $|A| = \begin{vmatrix} a & b \\ c & d \end{vmatrix} = ad - bc$ とおき, $|A|$ を A の行列式といいます. このとき,

(17)
$$|AB| = |A||B|.$$

さて, ω (実数) の満たす2次方程式を

$$ax^2 + bx + c = 0$$

とします. $\omega > 0$ としてかまいません. 判別式は $d = b^2 - 4ac > 0$ です.

2変数 x, y の関数

$$f(x, y) = ax^2 + bxy + cy^2$$
$$= (x, y) \begin{pmatrix} a & \frac{1}{2}b \\ \frac{1}{2}b & c \end{pmatrix} \begin{pmatrix} x \\ y \end{pmatrix}$$

(2次形式と云います. d を f の判別式ともいいます.) に変数変換

$$\begin{pmatrix} x \\ y \end{pmatrix} = \begin{pmatrix} p_n & p_{n-1} \\ q_n & q_{n-1} \end{pmatrix} \begin{pmatrix} x' \\ y' \end{pmatrix}$$

を行って得られる2次形式を

とすれば
$$f_n(x', y') = a_n x'^2 + b_n x'y' + c_n y'^2$$

$$f_n(x', y')$$
$$= (x', y') \begin{pmatrix} p_n & q_n \\ p_{n-1} & q_{n-1} \end{pmatrix} \begin{pmatrix} a & \frac{1}{2}b \\ \frac{1}{2}b & c \end{pmatrix} \begin{pmatrix} p_n & p_{n-1} \\ q_n & q_{n-1} \end{pmatrix} \begin{pmatrix} x' \\ y' \end{pmatrix}$$

を計算して

$$f_n \text{の判別式} = b_n^2 - 4a_n c_n = d \quad (\text{判別式は不変．(17)を用いる})$$
$$a_n = f(p_n, q_n), \quad c_n = f(p_{n-1}, q_{n-1}) = a_{n-1},$$

が分かります．このとき，$f(\omega, 1) = 0$ですから

$$f_n(\omega_n, 1)$$
$$= (\omega_n, 1) \begin{pmatrix} p_n & q_n \\ p_{n-1} & q_{n-1} \end{pmatrix} \begin{pmatrix} a & \frac{1}{2}b \\ \frac{1}{2}b & c \end{pmatrix} \begin{pmatrix} p_n & p_{n-1} \\ q_n & q_{n-1} \end{pmatrix} \begin{pmatrix} \omega_n \\ 1 \end{pmatrix}$$
$$= (p_n \omega_n + p_{n-1}, q_n \omega_n + q_{n-1}) \begin{pmatrix} a & \frac{1}{2}b \\ \frac{1}{2}b & c \end{pmatrix} \begin{pmatrix} p_n \omega_n + p_{n-1} \\ q_n \omega_n + q_{n-1} \end{pmatrix}$$
$$= (q_n \omega_n + q_{n-1})^2 f(\omega, 1) = 0$$

です．

さて，ωが循環連分数で表されることをいうには，ある番号$n < m$が存在して，$\omega_n = \omega_m$が成り立つことを云えばよろしい．そのためには$\{\omega_n\}_{n=1, 2, \ldots}$が有限集合であること，そのためには$\{f_n\}_{n=1, 2, \ldots}$が有限集合であること，さらにそのためには$\{a_n\}_{n=1, 2, \ldots}, \{b_n\}_{n=1, 2, \ldots}, \{c_n\}_{n=1, 2, \ldots}$，がそれぞれ有限集合であることをいえばよろしい．ところで，$c_n = a_{n-1}$ですから$\{a_n\}$が有限集合であることをいえば$\{c_n\}$も有限集合で，そのときは，$b_n^2 = d + 4a_n c_n$により$\{b_n\}$も有限集合です．(a_n, b_n, c_nはすべて整数です．) これで$\{a_n\}$が有限集合であることを証明すればよい，とわかったのですが，さらに，a_nは整数ですからa_nが有界であることをいえばよいのです．

$$\frac{a_n}{q_n^2} = f\left(\frac{p_n}{q_n}, 1\right) - f(\omega, 1)$$
$$= a\left\{\left(\frac{p_n}{q_n}\right)^2 - \omega^2\right\} + b\left\{\frac{p_n}{q_n} - \omega\right\}$$

で，(14)より

$$\left|\left(\frac{p_n}{q_n}\right)^2 - \omega^2\right| = \left|\frac{p_n}{q_n} - \omega\right|\left|\frac{p_n}{q_n} + \omega\right| < \frac{(2\omega + 1)}{q_n^2}$$

が得られますから

$$|a_n| < (2\omega + 1)|a| + |b|.$$

これが証明したいことでした．

13. フェルマの無限降下法

1. フェルマの大定理，あるいは最終定理，あるいは予想，は
（Ⅰ）"n を正の整数 ≥ 3 とすれば，方程式

$$x^n + y^n = z^n$$

は，整数解 $x, y, z, xyz \neq 0$，をもたない"

というものです．これは最近，アメリカの数学者 A.Wiles により完全に証明されその論文は Annals of Mathematics, Vol.141, no.3, May, 1995 に発表されました．これからはフェルマーワイルズの定理ということにします．証明は，おおげさに言えば，現在知られているありとあらゆる数学的知識を動員しそのうえに構築されている，極めておおがかりなものです．フェルマが彼の愛読書（Bachet 編：Diophantus の数論）に，"此のことにたいする真に驚くべき証明を発見したが，それを書くには此の余白は狭すぎる"と書き付けて以来約 350 年がすぎました．（フェルマが注記した本の実物は失われてしまったそうですが，彼の息子 Samuel de Fermat が編集したフェルマ全集(1670)に復刻されています．Dickson の History of the Theory of Numbers, vol.Ⅱ には，フェルマの注記は 1637 年頃のことであろうと書かれています．）フェルマのいう "真に驚くべき証明" とは何であったのか知る由もありませんが，おそらく何らかの誤解があったのではないかといわれています．Wiles の証明は大変なものですが，その簡易化，あるいは異なったアイディアによる（簡単な）証明がこれからどんどん現れることでしょう．実際，数学ではだれかが難壁を突破することもなげに後続する者が現れるのがしばしばです．それは多分，"予想は成り立たないかもしれない"，"壁を突破することができるのかどうか" という未明状態に比べ，"突破できた" という事実が与える安心感が大きく作用しているのではないでしょうか．

フェルマ自身, フィボナッチの予想 (1220 年頃) :
 (Ⅱ) "連立方程式
$$x^2 + y^2 = u^2, \quad x^2 - y^2 = v^2$$
は自然数解をもたない"
を, その 400 年後に証明しています. (実は此の証明も, うえに触れた Bachet 編: Diophantus の数論の余白に書き込まれているそうです.) 小野孝氏は, その著 "オイラーの主題による変奏曲" (1980, 実教出版) のなかで "こんなことを証明するのに 400 年もかかったのは不思議である. もっともフェルマ自身の予想もあと 50 年ほどすると 400 年目を迎え第三の 'F' がこともなげに証明を与えるかもしれない" といっておられます. Wiles の証明は "こともなげ" なものではありませんが (もっとも, 本人にとってはそうかもしれません), この "小野予想", 50 年後に "証明" されるでしょうか.

2. 上記フィボナッチの予想を, フェルマは, 無限降下法 (method of infinite descent) により証明しました. 要するに数学的帰納法ですが, フェルマはたいそう誇りにしていたそうです. それは次の通りです:
 たとえば, ディオファントス方程式
$$F(x, y, z) = 0$$
が, 自然数解をもたないことを証明したいとします. そこで, 自然数解 x, y, z をもつと仮定し, それから他の自然数解 x', y', z' で (たとえば) $x' < x$ なるものが構成できたとします. そうすれば, 全く同じようにして x', y', z' から解 x'', y'', z'' で $x'' < x'$ を満たすもの (小さい解) が構成されます. 以下同様にして, $F(x, y, z) = 0$ の解の列で, x の値が無限に降下するもの, すなわち
$$x > x' > x'' > \cdots$$
であるもの, が得られますが, 自然数の降下列は有限列でなければなりません. こうして矛盾が生じました.
 (Ⅱ) が証明されれば次のことも証明されます:
 (Ⅲ) "連立方程式

$$x^2 + y^2 = z^2, \quad xy = 2t^2$$

は自然数解をもたない"

このことを初等幾何学的に表現すると次のようになります：

　(Ⅲ´)　"三辺の長さが自然数である直角三角形の面積と等しい面積をもつ自然数辺長の正方形は存在しない"

　[(Ⅲ)で x, y, z を直角三角形の三辺（z は斜辺の長さ），t を正方形の一辺とすれば(Ⅲ´)になります．]

　さらに(Ⅲ)が証明されると，フェルマの予想（もはや予想ではありませんが）の $n=4$ の場合が証明されます．

　あの注記の後，フェルマ自身，彼の予想の $n=4$ の場合を無限降下法により証明しました．それは(Ⅲ)あるいは(Ⅲ´)を経由せず，

(Ⅳ)　"方程式

$$x^4 + y^4 = z^2$$

は自然数解をもたない"

を証明するものです．これがいえれば，(Ⅰ)の $n=4$ の場合は，すぐ証明されます．何故ならば，"(Ⅳ)ならば(Ⅰ)の $n=4$ の場合"の対偶命題

　"$x^4 + y^4 = z^4$ が自然数解をもてば(Ⅳ)も自然数解をもつ"

はあきらかになりたちますから：(x, y, z^2) が(Ⅳ)の解になります．

　(Ⅰ) $n=3$ の最初の証明は1770年にオイラーにより公表されました．それは，$x^2 + 3y^2$ のかたちの整数の性質（z が奇数で，$z^2 = x^2 + 3y^2$，ただし x, と y は互いに素，ならば $z = u^2 + 3v^2$ と書かれる）を用いるものです．此の証明は正しいのかどうか，永らく疑問視されていました．ついでガウスは2次体 $Q(\sqrt{-3})$ の数論（第10回"ガウスの整数"参照）による証明を与えました．両者とも無限降下法を用いています．

　(Ⅰ)を一般に証明するには，$n=4$ と n が奇素数の場合だけで十分です．（"整数 m にたいして解がなければ，整数 mn にたいしても解はない"ことをいえばよいのですが，そのためには"整数 mn にたいして解があれば，整数 m にたいして解がある"ことを言えばよろしい．しかしそれは，$(x^n)^m + (y^n)^m = (z^n)^m$ より明らかです．）

$n=4,3$ のあと $n=5$ の場合は，1825 年頃ルジャンドル(Legendre)により，$n=7$ の場合はラメ(Lamé 1839)により証明されますが，このような個別的な扱いでは限りがありません．そのうえ証明は繁雑極まりないものとなり，破綻をきたしたといってよいでしょう．そして，1847 年のクンマーの記念碑的論文以前には，もはやそれ以上の素数にたいする証明は現れませんでした．クンマーの仕事は

$$x^p + y^p = \prod_{i=0}^{p-1}(x+\zeta^i y), \zeta は1のp乗根, p：素数$$

と因数分解すればわかるように，有理数体 $\boldsymbol{Q}$ に ζ を添加して得られる体，すなわち

$$\alpha_0 + a_1\zeta + a_2\zeta^2 + \cdots + a_{p-1}\zeta^{p-1}, \ a_i \in \boldsymbol{Q}$$

という数全体（円の p 分体，p 次の円分体とよばれます），の数論を考えるもので，代数的整数論とよばれる分野の発端です．そのあとの決定打が，Wiles の仕事です．

3. さて，今回のお話の目標は，無限降下法とその応用，とくに（Ⅰ）$n=4$ の証明，にあります．
　まず，ウォーミングアップとして次のラグランジュの定理の，無限降下法による証明を紹介しましょう：
　（Ⅴ）"各自然数は，4 個の自然数の和として表される"．
　（Ⅴ）は，各素数にたいして証明すれば十分です．それは恒等式

$$\begin{aligned}(x^2 + y^2 &+ z^2 + w^2)(x'^2 + y'^2 + z'^2 + w'^2) \\ = (xx' &+ yy' + zz' + ww')^2 \\ + (xy' &- yx' - wz' + zw')^2 \\ + (xz' &- zx' - yw' + wy')^2 \\ + (xw' &- wx' - zy' + yz')^2\end{aligned}$$

から分かります．すなわち，此の左辺の第一因子を m，第二因子を n とします．したがってともに 4 つの平方数の和として表されています．そうすれば，恒等

式により，積 mn も右辺に示されるように4つの平方数の和として表されます．

恒等式は，両辺を計算して直接確かめられます．しかしそれでは面白くありませんし，右辺が与えられていないと困ります．2元数（複素数）の計算で，$\alpha = x + yi$, $\beta = x' + y'i$ にたいし

$$\alpha\bar{\alpha} \cdot \beta\bar{\beta} = \alpha\bar{\beta} \cdot \overline{(\alpha\bar{\beta})}$$

より恒等式

$$(x^2+y^2)(x'^2+y'^2) = (xx'+yy')^2 + (xy'-yx')^2$$

が得られることを思い出しましょう．同じような計算を4元数で実行すれば，問題の恒等式が導かれます．

以下すこしばかり，4元数に触れておきます．4元数というのは，4つの元素（単位）$1, i, j, k$ により

$$\alpha = x + yi + zj + wk, \quad x, y, z, w \in \mathbf{R} \quad (実数全体)$$

と表される数のことです．ただし，

$$i^2 = j^2 = k^2 = -1, \quad ij = k = -ji, \quad jk = i = -kj, \quad ki = j = -ik$$

とします．4元数の和，積などの計算は4つの元素をあたかも文字であるかのように普通の計算を行い，$i^2, \ldots, ij, ji, \ldots$ が現れたら，それぞれ $-1, \ldots, k, -k, \ldots$ におきかえればよろしい．たとえば，

$$\begin{aligned} &(yi+wk)(y'i+z'j) \\ &= yy'i^2 + wy'ki + yz'ij + wz'kj \\ &= -yy' + wy'j + yz'k - wz'i. \end{aligned}$$

この場合，積は可換でないこと，すなわち，一般には2つの4元数 α, β にたいして

$$\alpha\beta \neq \beta\alpha$$

であることに注意してください．

上に与えた α にたいし，複素数の場合と同じように，その共役を

により定義します．そのとき

$$\overline{\alpha} = x - yi - zj - wk$$

$$\alpha\overline{\alpha} = (x + yi + zj + wk)(x - yi - zj - wk)$$
$$= x^2 + y^2 + z^2 + w^2 = \overline{\alpha}\alpha$$
$$\overline{\alpha\beta} = \overline{\beta} \cdot \overline{\alpha}$$

が成り立ちます．したがって複素数の場合と同じように

$$\alpha\overline{\alpha} \cdot \beta\overline{\beta} = \overline{\alpha}\alpha \cdot \overline{\beta}\beta = \overline{\alpha}(\alpha\overline{\beta})\overline{(\alpha\overline{\beta})} \cdot \overline{(\alpha\overline{\beta})}^{-1}\beta$$
$$= (\alpha\overline{\beta})\overline{(\alpha\overline{\beta})}\overline{\alpha} \cdot \overline{(\alpha\overline{\beta})}^{-1}\beta$$
$$= (\alpha\overline{\beta})\overline{(\alpha\overline{\beta})}\overline{\alpha}\,\overline{\alpha}^{-1}\beta\beta^{-1}$$
$$= (\alpha\overline{\beta})\overline{(\alpha\overline{\beta})}$$

を計算すれば問題の恒等式が得られます．

(V)の証明に戻ります．$2 = 1^2 + 1^2 + 0^2 + 0^2$ ですから，奇素数 p にたいして証明すれば十分です．

（ⅰ）$x^2 + y^2 + 1 < p^2$ を満たす整数 x, y，および整数 $m, 0 < m < p$，が存在して

$$mp = x^2 + y^2 + 1$$

と書かれること．

証明：$0 \leq x \leq \dfrac{1}{2}(p-1)$ にたいして x^2 たちはたがいに $\bmod p$ で非合同です．おなじく，$0 \leq y \leq \dfrac{1}{2}(p-1)$ にたいして $-1 - y^2$ たちも互いに非合同です．両者併せて $p+1$ 個ありますから，ある x, y にたいして $x^2 \equiv -1 - y^2 \pmod{p}$ でなければなりません．したがって $x^2 + y^2 + 1 = mp$ と書かれる訳ですが，それは $< 1 + 2\left(\dfrac{1}{2}p\right)^2 < p^2$ をみたしますから $0 < m < p$ です．

これで，ともかく素数 p にたいして $kp = x^2 + y^2 + z^2 + w^2$ と書かれるような自然数 k, x, y, z, w（0 も含む）が存在する事が分かりました．あらためて，そのような最小の正の数を k とします．目標は

(ⅱ) $k = 1$

を示すことです．まず

(1) $k \le$ (ⅰ) の $m < p$

がなりたちます．つぎに

(2) k は奇数

です．何故ならば，もし k が偶数ならば，x, y, z, w のうち奇数は偶数個ですから，たとえば $x + y, x - y, z + w, z - w$ は偶数で

$$\frac{1}{2}kp = \left(\frac{1}{2}(x+y)\right)^2 + \left(\frac{1}{2}(x-y)\right)^2 + \left(\frac{1}{2}(z+w)\right)^2 + \left(\frac{1}{2}(z-w)\right)^2$$

が成り立ちますが，これは k の最小性に矛盾します．

$k > 1$ と仮定して，$k > k'$ が存在し，$k'p$ が 4 つの平方数の和で表されることを示しましょう．そうすれば，無限降下法により $k = 1$ でなければなりません．

(*) $x \equiv x', y \equiv y', z \equiv z', w \equiv w' \pmod{k}$, $|x'|, |y'|, |z'|, |w'| < \frac{1}{2}k$ とし（k は奇数ですから < であって ≦ ではありません），

$$n = x'^2 + y'^2 + z'^2 + w'^2$$

とおきます．そのとき，

$$n = x'^2 + y'^2 + z'^2 + w'^2 \equiv x^2 + y^2 + z^2 + w^2 = kp \pmod{k}.$$

ゆえに

$$n \equiv 0 \pmod{k}$$

です．よって，$n = kk'$ と書かれますが，とりかたから

$$n < 4 \cdot \left(\frac{1}{2}k\right)^2 = k^2,$$

ですから，

$$k' < k$$

です．$n=k'k$ も kp も 4 つの平方数の和ですから，始めに述べた恒等式により $(k'k)(kp)$ も 4 つの平方数の和で書かれます．用いている記号は全く同じですから

(**)　　　　　　　$(k'k)(kp)=$(V)の右辺

です．ところが，(V)の右辺の各項は (*) により k^2 で割り切れます．そこで (**) の両辺を k^2 で割れば $k'p$ が 4 つの平方数の和で表されることになります．これが証明したかったことです．

4. (IV)を証明します．（そのとき，(I)$n=4$ も証明されます．）
そのため，無限降下法の小さい解をつくるのに役立つ $n=2$ の場合の方程式
(#)　　　　　　　　　$x^2+y^2=z^2$
の解を調べておきましょう．

　一般に，ディオファントス方程式 $F(x,y,z)=0$ の整数解 x,y,z で，最大公約数 g.c.d.$(x,y,z)=1$ であるものを原始解といいます．F が同次式の場合，整数解があれば最大公約数で割れば原始解が得られ，原始解からずらずらと解の一系列が派生します．したがってその場合，問題は原始解を求めることになります．

　(#)の原始解を x,y,z とすれば，その偶奇を考えて，x が偶数であるとしてかまいません．そのような解 (x,y,z) をピタゴラス数ということにします．このとき次が成り立ちます：

(VI)"$a>b>0$ を整数，$(a,b)=1,a,b$ の偶奇は異なるとし，
$$x=2ab,\quad y=a^2-b^2,\quad z=a^2+b^2$$
とおけば，(x,y,z) はピタゴラス数であり，逆にピタゴラス数は上のように与えられる．"

　この結果は幾何学的に考えた方がよく分かると思います．

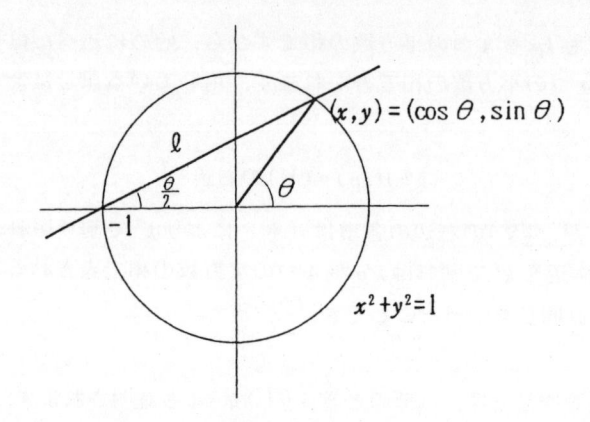

(#)の両辺をzで割ると，（文字をかえて）方程式

$$C : x^2 + y^2 = 1$$

が得られます．これは単位円を表します．点$(-1, 0)$を通り，傾きがtの直線 l の方程式は

$$l : y = t(x+1)$$

で，これとCとの$(-1, 0)$以外の交点は

$$x = \frac{1-t^2}{1+t^2}, \ y = \frac{2t}{1+t^2}$$

で与えられます．これをCの式に代入すれば

$$\frac{(2t)^2}{(1+t^2)^2} + \frac{(1-t^2)^2}{(1+t^2)^2} = 1$$

となります．これは，tの値を与えるごとにC上の点（$(-1, 0)$を除く）が得られることを示しています．（ただし，$t = \infty$を許せば，除外点も入ります．）こうして，単位円Cのパラメータtによる表示が得られました．円のパラメータ表示としては，よく知られた

$$x = \cos\theta, \ y = \sin\theta$$

があります．しかし，今はC上の有理点をさがしています．この表示では，

どのような θ の値にたいして x, y が有理数になるのか，わかりません．ところが，t によるパラメータ表示では，t に有理数値を与えるごとに有理点 (x, y) が得られます．そして分母を払えば，

$$(2t)^2 + (1-t^2)^2 = (1+t^2)^2$$

であり，t に自然数値を与えるごとに $x^2 + y^2 = z^2$ の自然数解が得られることになります．逆に，自然数解はこのようにしてすべて得られます．(VI)の証明としては，あと，原始解ということについて吟味を加えればよいのです．

ついでに，上の結果は

$$t = \tan\left(\frac{1}{2}\theta\right) \text{とおけば} \quad \cos\theta = \frac{1-t^2}{1+t^2}, \sin\theta = \frac{2t}{1+t^2}$$

ということです．この変数変換は，積分の計算に用いられています．すなわち

$f(x, y)$ を x, y に関する有理関数とすれば

$$\int f(\cos\theta, \sin\theta) d\theta = \int f\left(\frac{1-t^2}{1+t^2}, \frac{2t}{1+t^2}\right) \frac{2dt}{1+t^2}$$

で，右辺は t に関する有理関数の不定積分ですから計算できます．

(IV)を証明するために，方程式

(##) $$\qquad\qquad\qquad x^4 + y^4 = z^2$$

の原始解を x, y, z とします．このとき，やはり x は偶数であるとしてかまいません．そして，原始解 x', y', z' で，x' は偶数，$z' < z$ であるものを構成しましょう．そうすれば，無限降下法により(IV)の証明は完了します．

さて，x^2, y^2, z はピタゴラス数です．したがって，(VI)により

$\quad x^2 = 2ab, \ y^2 = a^2 - b^2, \ z = a^2 + b^2,$

$\quad a > b > 0, \text{g.c.d.}(a, b) = 1, a, b$ の偶奇は異なる，

と書かれます．

このとき，b は偶数です．何故ならば，もし b が奇数ならば，a は偶数，よって $a^2 \equiv 0 \pmod{4}$．一方，y も奇数で，$a^2 \equiv b^2 + y^2 \equiv 2 \pmod{4}$ であり，矛盾するからです．

$\quad$ g.c.d.$(a, b) = 1$ ですからもちろん g.c.d.$(b, y, a) = 1$．したがって (b, y, a) は

ピタゴラス数であり，ふたたび(VI)より

$$c > d > 0,$$
$$\text{g. c. d.}(c, d) = 1, c, d \text{ の偶奇は異なる},$$
$$b = 2cd, y = c^2 - d^2, a = c^2 + d^2$$

と書かれます．そして

$$x^2 = 2ab = 4cd(c^2 + d^2)$$

で，$c, d, c^2 + d^2$ はどの2つも互いに素ですから，整数論の基本定理（一意分解定理）により，c も d も $c^2 + d^2$ も平方数でなければなりません．そこで

$$c = x'^2, \; d = y'^2, \; c^2 + d^2 = z'^2$$

とおきます．そうすれば，もちろん g. c. d. $(x', y') = 1$ で

$$x'^4 + y'^4 = c^2 + d^2 = z'^2$$

ですから，x', y', z' は (##) の原始解で，しかも

$z^2 = x^4 + y^4 > x^2 > c^2 + d^2 = z'^2$，ゆえに $z > z'$ です．これで目的に達しました．

5. (II)を証明しましょう．

($) $$x^2 + y^2 = u^2, \; x^2 - y^2 = v^2$$

の原始解を x, y, u, v とします．

(i) y は偶数．

何故ならば，もし y が奇数ならば，始めの式より x は偶数，u は奇数．後の式より v は奇数．$x^2 = y^2 + v^2$ と書き換えると，$(\bmod 4)$ に関し左辺 $\equiv 0$，右辺 $\equiv 2$ で矛盾

(ii) g. c. d. $\left(\dfrac{1}{2}(u+v), \dfrac{1}{2}(u-v), x\right) = 1$．

何故ならば，p をその g. c. d. の素因数とすれば

$$p \mid u = \frac{1}{2}(u+v) + \frac{1}{2}(u-v),$$

$p \mid v = \frac{1}{2}(u+v) - \frac{1}{2}(u-v)$, $p \mid x$.

よって($)より $p \mid y$ となり，原始解であることに矛盾．

(iii) $\frac{1}{2}(u+v)$ を偶数としてよい． $\left(\frac{1}{2}(u+v), \frac{1}{2}(u-v), x\right)$ はピタゴラス数．

何故ならば，計算して，始めの2数の平方の和 $= x^2$ であるからです．

(iv) （VI）より次のように書かれます．

$a > b > 0$, g.c.d.$(a, b) = 1$, a, b の偶奇は異なり，

$$\frac{1}{2}(u+v) = 2ab, \quad \frac{1}{2}(u-v) = a^2 - b^2, \quad x = a^2 + b^2.$$

(v) $a = x'^2$, $b = y'^2$, $a^2 - b^2 = n^2$ と書くことができます．

$\left(\frac{1}{2}y\right)^2 = ab(a^2 - b^2)$ で，$a, b, a^2 - b^2$ は2つずつ互いに素，ゆえに整数論の基本定理によりそれら3数はすべて平方数です．

(vi) $x'^2 + y'^2 = u'^2$, $x'^2 - y'^2 = v'^2$ と書くことができます．

何故ならば，

$$n^2 = a^2 - b^2 = x'^4 - y'^4 = (x'^2 + y'^2)(x'^2 - y'^2),$$
$$\text{g.c.d.}(x'^2 + y'^2, x'^2 - y'^2) = 1,$$

ゆえに，整数論の基本定理により，これら2つの数はともに平方数ですから．

(vii) (x', y', u', v') は $x' < x$ を満たす($)の原始解です．そして

$$x' < x'^2 = a < 2ab = x.$$

また作り方から，g.c.d.$(x', y', u', v') = 1$.
このことを示すのが目標でした．

　(III)を証明するには，(III)の連立方程式に原始解があるとして，それから($)の原始解を作って見せればよいのですが，上述の(II)の証明とほとんど同じようにできます．

　(II)または(III)´から(I) $n = 4$ を導くには，まず，

(Ⅶ) $x^4 - y^4 = z^2$ の自然数解は存在しない

を証明するのです．これから，（Ⅰ）$n = 4$ はすぐに得られます．

（Ⅶ）の証明：方程式の自然数解が存在するとして，それを x, y, z とします．そのとき，

$$(x^4 - y^4)^2 + (2x^2y^2)^2 = (x^4 + y^4)^2$$

ですから，$x^4 - y^4, 2x^2y^2, x^4 + y^4$ は直角三角形の 3 辺でその面積は

$$\frac{1}{2}(x^4 - y^4)2x^2y^2 = (x^4 - y^4)x^2y^2 = (xyz)^2.$$

これは，（Ⅲ）´に矛盾します．

終りに一つ，ついでですが，数年前のある大学の入試で，無限降下法を使わせる問題（勿論誘導付き）が出ていました．

問 1．（Ⅲ）を証明しなさい．（（Ⅱ）の証明の真似）

問 2．（Ⅶ）を用いて（Ⅰ）$n = 4$ を証明しなさい．

問 3．N を整数とするとき，

$$(x^2 + Ny^2)(z^2 + Nw^2) = (xz \pm Nyw)^2 + N(xw \mp yz)^2$$

を証明しなさい．（単なる計算，もしくは，$x + \sqrt{-N}y$ の型の数の計算）

また，上の公式を $x^2 + Ny^2 + Mz^2 + Lw^2$ に拡張できるでしょうか．

問 4．オイラーが（Ⅰ）$n = 3$ にたいする証明に用いた結果
"z が奇数，$z^3 = x^2 + 3y^2$，g.c.d. $(x, y) = 1$ ならば $z = u^2 + 3v^2$ と書かれる"を，$x = u^3 - 9uv^2$，$y = 3u^2v - 3v^3$ とおいて，確かめなさい．（これだけなら，g.c.d. の条件は使いません．）

（上記，小野孝氏の著書，ベイカー：初等数論講義（サイエンス社），Dickson の著書，（1920，復刻版 Chelsea 1971），P.Ribenboim：13 Lectures on Fermat's Last Theorem, Springer（邦訳：吾郷博顕，共立出版）を参考にしました．厚くお礼申し上げます．）

14. ペル方程式

1. 今回は特別な形の，しかし数学史上有名な，あるいは悪名高い，ディオファントス方程式

(1) $$x^2 - Dy^2 = \pm 1$$

についてお話しします．ここで，D は平方数でない正の整数です．(1)は，オイラーによりペル方程式と名づけられ，現在もそうよばれていますが，ペル自身この方面には何もしていませんので，この命名はおそらくオイラーの記憶違いによるものであろうとされています．ペル（英，1611-1685）はフェルマ（仏，1601-1665）と同時代の数学者で，平方数の表を作成したり，天文学へ数学を応用したりしたことで知られています．ついでに，「塵劫記」の著者として名高い日本の数学者吉田光由もこのころの人です．フェルマは(1)は少なくとも一つの，$(x, y) = (\pm 1, 0)$ 以外の解（自明でない解）をもつことを証明していたようです．そして，同時代の数学者にその解答を求むと挑戦しました．

ここで，(1)は自明でない解をもつこと，その解の求め方，解集合がどのような構造をもつか，そしてペル方程式はどんな意味をもっているかを問題にします．

2. まず，ペル方程式の数論的な意味を説明しましょう．

前にガウスの整数を考えたとき（第十回）二次体 $Q(\sqrt{D})$ を定義しました．（そこでは D のかわりに m を用いました．）Q は有理数体（有理数全体）で

$$Q(\sqrt{D}) = \{x + \sqrt{D}y : x, y \in Q\} \quad (=K \text{ と書きます})$$

です．$D > 0, < 0$ にしたがい，K を実二次体，虚二次体と言います．同じく，K の整数を定義しました．K の整数は

$D \equiv 1 \pmod{4}$ ならば，

$$\frac{x+\sqrt{D}y}{2}, \ x, y \in \mathbf{Z}, \ x \equiv y \pmod{2},$$

$D \equiv 2, 3 \pmod 4$ ならば

$$x+\sqrt{D}y, \ x, y \in \mathbf{Z}$$

で与えられます.

K の元 $\alpha = x+\sqrt{D}y$ にたいし，$\alpha' = x-\sqrt{D}y$ を α の共役といい，$N(\alpha) = \alpha\alpha'$ を α のノルムといいます.

さて，K の整数 ε の逆元の ε^{-1} がふたたび整数であるとき，ε を K の単数といいます. このとき，

 "ε は K の単数" $\Leftrightarrow$ "ε は K の整数で，$N(\varepsilon) = \pm 1$"

が成り立ちます. そうすれば，K の単数 ε について

(2) $D \equiv 1 \pmod 4$ のとき，

$$N(\varepsilon) = \varepsilon\varepsilon' = \frac{x+\sqrt{D}y}{2} \cdot \frac{x-\sqrt{D}y}{2} = \frac{x^2 - Dy^2}{4} = \pm 1,$$

(3) $D \equiv 2, 3 \pmod 4$ のとき，

$$N(\varepsilon) = \varepsilon\varepsilon' = (x+\sqrt{D}y)(x-\sqrt{D}y) = x^2 - Dy^2 = \pm 1$$

となります.

K を虚二次体，すなわち $D < 0$ とすると(2)，(3)をまとめて言えば，K の単数を求めることは，ディオファントス方程式

(4) $\qquad\qquad x^2 + |D|y^2 = 1$，または 4

の解を求めることに外ありません. この左辺はつねに ≥ 0 です.

$D = -1 \equiv 3 \pmod 4$ ならば，(3)の場合ですから，(4)は $x^2 + y^2 = 1$ だけを考えればよく，そのとき解はあきらかに $(x, y) = (1, 0), (-1, 0), (0, 1), (0, -1)$ の4通りしかありません. したがって，それらに応じて虚二次体 $\mathbf{Q}(\sqrt{-1})$ の単数

$$\varepsilon = x + \sqrt{-1}y = 1, \ -1, \ i, \ -i$$

が得られます.

$D = -2 \equiv 2 \pmod{4}$ のとき, (4) は $x^2 + 2y^2 = 1$ であり, $|y| \geq 1$ ならば左辺 ≥ 2 ですから, 解は $y = 0$ にたいするものだけです. すなわち, 解は $(\pm 1, 0)$ だけでこれらに応ずる ε は

$$\varepsilon = x + \sqrt{-1}y = 1, -1,$$

です. すなわち, 虚二次体 $Q(\sqrt{-2})$ の単数は $1, -1$ だけです.

$D = -3 \equiv 1 \pmod{4}$ ならば, (4) は $x^2 + 3y^2 = 4$ を考えることになります. $|y| \geq 2$ にたいしては左辺 ≥ 12 ですから解はありません. y のとりうる値は $0, \pm 1$ だけで, これらに応じて $x = \pm 2, \pm 1$. よって虚二次体 $Q(\sqrt{-3})$ の単数は,

$$\varepsilon = \frac{x + \sqrt{-3}y}{2} = 1, -1, \frac{1+\sqrt{-3}}{2}, \frac{1-\sqrt{-3}}{2}, -\frac{1+\sqrt{-3}}{2}, -\frac{1-\sqrt{-3}}{2}$$

の6個です.

$D \leq -5$, すなわち $|D| \geq 5$, ならば $|y| \geq 1$ にたいして (4) の左辺は ≥ 5 ですから等号はなりたちません. したがって $y = 0$ で, 結局虚二次体 $Q(\sqrt{D})$ の単数は ± 1 だけしかありません.

これで, 虚二次体の単数については決着がつきました. しかし, 実二次体では, がらりと様子が変わって来ます. $D > 0$, かつ $D \equiv 2, 3 \pmod{4}$ のとき, (4) は冒頭にあげたペル方程式 (1) にほかありません. 結局, このような D にたいしてペル方程式を解くことは, 実二次体の単数を見出すことになるわけです.

$D > 0$, かつ $\equiv 1 \pmod{4}$ の場合には (1) ではなく, ディオファントス方程式

$$x^2 - Dy^2 = \pm 4$$

を扱うことになります. これもペル方程式とよばれています. ここでは, (1) だけを考えます.

われわれははじめのうちは, Q の整数論を勉強し, ついで二次体に手をのばしました. そこで ± 1 と異なる単数が存在するという, Q の場合とは本質的に異なる事態に遭遇した訳です. このほかにも, まだ全然触れていない, 本質的に新しい概念 (イデアル) があり, これらが二次体, あるいはもっと高次の体, の整数論を複雑にし, おもしろくしているのです.

3. 第十一回 "不等式の整数解" のところで少しばかり触れた, ディリクレの, システィナ礼拝堂で証明の着想を得たという単数定理によれば, 実二次体 K においては, ある単数 ε_0 が存在して, K のすべての単数は $\pm \varepsilon_0^m$, $m \in \mathbb{Z}$, と書かれます. (ε_0 は基本単数とよばれます.) しかし, これで K の単数全体の構造がわかったとすますのは, 鶏を殺すに牛刀 (原爆とまでは言いません) を用いるたぐいでしょう. しかも, その定理からは, 実際に基本単数を求める手段は得られません. ここでは, 第十二回で導入した連分数の考えを用いて具体的に単数を構成しましょう. いいかえれば, ペル方程式(1)を実際に解きましょう.

無理数 ω の連分数展開を

$$\omega = [k_0, k_1, k_2, \cdots, k_n, \cdots]$$
$$= k_0 + \cfrac{1}{k_1 + \cfrac{1}{k_1 + \cfrac{1}{\cdots \cdots \cdots \atop k_n + \cfrac{1}{\cdots\cdots}}}}$$

とします. ここで, $k_0 \in \mathbb{Z}$, $k_i \in \mathbb{Z}$, $k_i > 0$, $i = 1, 2, 3, \cdots$, です.

$$p_0 = 1, \quad p_1 = k_0, \quad p_n = p_{n-1}k_{n-1} + p_{n-2}, \quad n \geq 2,$$
$$q_0 = 0, \quad q_1 = 1, \quad q_n = q_{n-1}k_{n-1} + q_{n-2}, \quad n \geq 2,$$

により p_n, q_n を定義すれば

(5) $\quad p_n q_{n-1} - p_{n-1} q_n = (-1)^n,$

(6) $\quad \dfrac{p_n}{q_n} = [k_0, k_1, k_2, \cdots, k_{n-1}],$

(7) $\quad \omega = [k_0, k_1, k_2, \cdots, k_{n-1}, \omega_n]$

$\quad\quad = \dfrac{p_n \omega_n + p_{n-1}}{q_n \omega_n + q_{n-1}},$

(8) $\quad \left| \dfrac{p_n}{q_n} - \omega \right| < \dfrac{1}{q_n^2},$

で，$\dfrac{p_n}{q_n}$ は ω の近似分数とよばれました．また，

$$[k_0, k_1, \cdots, k_n, \overline{k_{n+1}, \cdots, k_{n+m}}]$$

を循環連分数といいました．ここで，上線を引いた部分は，あと限りなく繰り返されることを意味します．繰り返される部分の長さ m を周期といいます．このとき，二次の無理数は循環連分数に展開され，逆に循環連分数は二次の無理数を表します．

繰り返しが k_0 からはじまる循環連分数

$$[\overline{k_0, k_1, \cdots, k_n}]$$

を純循環連分数といいます．

さて，二次の無理数 $\sqrt{D}$，$D > 0$，は "ほとんど純な" 循環連分数で表されます：

(9) $$\sqrt{D} = [k_0, \overline{k_1, \cdots, k_m}]$$

例．

$$\sqrt{2} = [1, \overline{2}], \quad \sqrt{3} = [1, \overline{1, 2}], \quad \sqrt{5} = [2, \overline{4}]$$
$$\sqrt{6} = [2, \overline{2, 4}], \quad \sqrt{11} = [3, \overline{3, 6}],$$
$$\sqrt{23} = [4, \overline{1, 3, 1, 8}], \quad \sqrt{34} = [5, \overline{1, 4, 1, 10}]$$
$$\sqrt{97} = [9, \overline{1, 5, 1, 1, 1, 1, 1, 1, 5, 1, 18}],$$
$$\sqrt{113} = [11, \overline{2, 4, 11, 4, 2, 22}].$$

(9)の証明は割愛します．

さて，ペル方程式(1)の右辺が $+1$ の場合を考えます．

$\sqrt{D}$ の連分数展開を(9)とし，$\dfrac{p_n}{q_n}$ を近似分数とします．ここで，$n = lm$ にとり，さらに n を偶数にとると，$x = p_n$, $y = q_n$ は

$$x^2 - \sqrt{D}y^2 = +1$$

を満たします．実際，$\sqrt{D}$ の周期性（周期は m）により，任意の $n=lm$ にたいして

$$\omega_1 = [\overline{k_1, k_2, \cdots, k_m}]$$
$$= [\underbrace{k_1, k_2, \cdots, k_m, \cdots, k_1, k_2, \cdots, k_m}_{l\text{組}}, \overline{k_1, k_2, \cdots, k_m}]$$
$$\parallel$$
$$\omega_{lm+1}$$
$$\parallel$$
$$\omega_{n+1}$$

が成り立っています．ゆえに (7) より

(10) $$\sqrt{D} = \frac{p_{n+1}\omega_{n+1} + p_n}{q_{n+1}\omega_{n+1} + q_n} = \frac{p_{n+1}\omega_1 + p_n}{q_{n+1}\omega_1 + q_n}$$

が得られます．一方，

$$\sqrt{D} = k_0 + \frac{1}{\omega_1}, \quad \text{すなわち} \quad \omega_1 = \frac{1}{\sqrt{D} - k_0}$$

ですから，これを (10) に代入すれば

$$p_{n+1} - k_0 p_n - q_n D + (p_n - q_{n+1} + k_0 q_n)\sqrt{D} = 0.$$

ここで，$\sqrt{D}$ は無理数ですから

(11) $$p_{n+1} - k_0 p_n - q_n D = 0, \quad p_n - q_{n+1} + k_0 q_n = 0$$

で，これから，k_0 を消去すると

$$p_n^2 - q_n^2 D = p_n q_{n+1} - p_{n+1} q_n$$

が得られますが，(5) により，

(12) $$\text{右辺} = (-1)^{n+2} = +1 \quad (n \text{ は偶数})$$

です．

うえで，$n=lm$ を偶数にとりましたが，それは常に可能です．m が偶数ならば l はなんでもよく，m が奇数ならば l を偶数に取ればよいのです．しかし右

辺が -1 であるペル方程式(1)の場合は，上と同じように解析されるのですが，(12)の右辺は -1，したがって n は奇数でなければなりません．$n = lm$ ですから，周期 m が奇数ならば l を奇数に取ればよろしい．しかし，m が偶数ならば n は常に偶数になり，解を与える近似分数はありません．ところで，

(13)　　x, y がペル方程式(1)の解ならば，$\dfrac{x}{y}$ は $\sqrt{D}$ の近似分数である

ことが証明されます．したがって，

　　"$\sqrt{D}$ の周期 m が偶数ならば，ペル方程式
$$x^2 - Dy^2 = -1$$
の解は存在しない"

ことがわかりました．

そのほか，上で得られたことをまとめると次のとおりです：

　　"$\sqrt{D}$ の周期 m が偶数ならば，ペル方程式
$$x^2 - Dy^2 = +1$$

の解は，l を任意の整数 ≥ 1 として，$x = p_{lm},\ y = q_{lm}$ により与えられる．"

　　"$\sqrt{D}$ の周期 m が奇数ならば，$x = p_{lm},\ y = q_{lm}$ は

　　　　l を偶数に取れば，$x^2 - Dy^2 = +1$ の，
　　　　l を奇数に取れば，$x^2 - Dy^2 = -1$ の

解を与える．"

例．（ⅰ）$D = 2$．この場合，めのこ計算でペル方程式の解を見つけることができます．すなわち，$(x, y) = (1, 1)$ は
$$x^2 - 2y^2 = -1$$
の，$(3, 2)$ は
$$x^2 - 2y^2 = +1$$
の解です．$(3, 2)$ は $(1, 1)$ から次のようにしても得られます：
$$\varepsilon = x + \sqrt{2}\,y = 1 + \sqrt{2}$$
とおけば

$$\varepsilon^2 = 3 + 2\sqrt{2}$$

で，$(3, 2)$ が得られました．$N(\varepsilon^2) = N(\varepsilon)^2 = (-1)^2$ です．

めのこでなく，連分数から計算してみます．

$\sqrt{2} = [1, \overline{2}]$ より，周期は $m = 1$．$n = lm = 1 \cdot 1 = 1$（奇数）ととれば，近似分数は $\dfrac{p_1}{q_1} = [1] = 1$ で，$x = p_1 = k_0 = 1$, $y = q_1 = 1$ は $x^2 - 2y^2 = -1$ の解を与えます．
$n = lm = 2 \cdot 1$ ととれば $p_2 = p_1 k_1 + p_0 = 1 \cdot 2 + 1 = 3$, $q_2 = q_1 k_1 + q_0 = 1 \cdot 2 + 0 = 2$．ゆえに $x = 3$, $y = 2$ は $x^2 - 2y^2 = +1$ の解です．

(ⅱ)　$\sqrt{23} = [4, \overline{1, 3, 1, 8}]$．周期 $m = 4$（偶数）．$n = lm = 0 \cdot 4$ ととれば $x = p_0 = 1$, $y = q_0 = 0$ で，これは自明な解です．$n = lm = 1 \cdot 4$ と取れば

$$p_1 = 4, \quad p_2 = p_1 k_1 + p_0 = 4 \cdot 1 + 1 = 5,$$
$$p_3 = 5 \cdot 3 + 4 = 19,$$
$$q_2 = q_1 k_1 + q_0 = 1 \cdot 1 + 0 = 1, \quad q_3 = 1 \cdot 3 + 1 = 4,$$
$$x = p_4 = 19 \cdot 1 + 5 = 24, \quad y = q_4 = 4 \cdot 1 + 1 = 5$$
$$x^2 = 576, \quad y^2 = 25, \quad x^2 - 23 y^2 = 1.$$

(ⅲ) $D = 131$, $\sqrt{131} = [11, \overline{2, 4, 11, 4, 2, 22}]$．周期 $m = 6$．$n = lm = 1 \cdot 6$ ととれば

$$x = p_6 = 10610, \quad y = q_6 = 927,$$
$$(10610)^2 - 131 \cdot (927)^2 = +1$$

4．

以上，$D \equiv 2, 3 \pmod{4}$ の場合，実二次体 $K = Q(\sqrt{D})$ の単数 $\neq \pm 1$

$$\varepsilon = x + \sqrt{D} y,$$

（x, y は $x^2 - Dy^2 = \pm 1$ の自明でない解）

の存在が示されました．ここで，K の単数 ε_0 が存在して，K の単数はどれも $\pm \varepsilon_0^m$, $m = 0, \pm 1, \pm 2, \cdots,$ の形に書かれること（すなわち，ε_0 は基本単数）を証明しましょう．

(13) は仮定します．したがって，$x = p_{lm}, y = q_{lm}$ において，l として可能な値

の最小のものをとり，それが基本単数

$$\varepsilon_0 = p_{lm} + q_{lm}\sqrt{D}$$

を与えることを示せばよいのです．

　簡単のため，m は偶数とします．そのとき，l の最小値は 1 ですから，証明すべきことは，

$$(p_m + q_m\sqrt{D})^k = p_{km} + q_{km}\sqrt{D}$$

です．$k = 2$ の場合だけ計算を示しておきます．すなわち，目標は

$$(p_m + q_m\sqrt{D})^2 = p_{2m} + q_{2m}\sqrt{D},$$

したがって

(14) $\qquad p_m^2 + D q_m^2 = p_{2m}, \ 2 p_m q_m = q_{2m}$

にしぼられました．

　さて，(6), (7) より

$$\begin{aligned}\frac{p_{2m}}{q_{2m}} &= [k_0, k_1, \cdots, k_m, k_1, \cdots, k_{m-1}] \\ &= [k_0, k_1, \cdots, k_m, [k_1, \cdots, k_{m-1}]] \\ &= \frac{p_{m+1}[k_1, \cdots, k_{m-1}] + p_m}{q_{m+1}[k_1, \cdots, k_{m-1}] + q_m}\end{aligned}$$

が得られますが，この式に

$$\frac{p_m}{q_m} = k_0 + \frac{1}{[k_1, \cdots, k_{m-1}]}$$

よりもとめた $[k_1, \cdots, k_{m-1}]$ を代入して，すこし計算すれば

$$\frac{p_{2m}}{q_{2m}} = \frac{p_m^2 + q_m(p_{m+1} - k_0 p_m)}{p_m q_m + q_m(q_{m+1} - k_0 q_m)}$$

となります．(11)を用いれば（そこの n を m ととる）

$$\frac{p_{2m}}{q_{2m}} = \frac{p_m^2 + Dq_m^2}{2p_m q_m}$$

で，両辺ともに既約分数ですから，めでたく(14)が得られました．

最後に，けっして $\varepsilon_0^m = 1$ とならないことを注意しておきます．（もしそうなったとすれば，ε_0 は 1 の m-乗根です．しかし，ε_0 は実数で，1 の実の m-乗根は ± 1 しかありません．）

例． $K = Q(\sqrt{D})$ とします．

（ⅰ） $D = 2$．K の基本単数は $1 + \sqrt{2}$．
（ⅱ） $D = 23$．K の基本単数は $24 + 5\sqrt{23}$．
（ⅲ） $D = 131$．K の基本単数は $10610 + 927\sqrt{131}$．

問 $D = 3, 6, 11$ にたいして $K = Q(\sqrt{D})$ の基本単数を，それぞれもとめなさい．
（答： $2 + \sqrt{3}, 5 + 2\sqrt{6}, 10 + 3\sqrt{11}$）

15. $x^2 + Ny^2$ の形の数

1. p を奇素数とします．そのとき，第十回で

(1) 〝$p = x^2 + y^2$, $x, y \in \mathbb{Z} \Leftrightarrow p \equiv 1 \pmod{4}$〟

を，ガウスの数体 $\mathbb{Q}(\sqrt{-1})$ における整数論の観点から証明しました．また，おなじようにして，虚二次体 $\mathbb{Q}(\sqrt{-3})$ の整数論により

(2) 〝$p = x^2 + 3y^2$, $x, y \in \mathbb{Z} \Leftrightarrow p = 3$ または $p \equiv 1 \pmod{3}$〟

を証明することができると注意しました．

このような，$x^2 + Ny^2$ の形の数の性質（上では，$N = 1, 3$）は，古くから研究されています．今回はいくつかの N について，このような形の数の初等的な取扱いの一端をお話しします．

2. 考察の基本になるのは，フェルマ・オイラーの定理と，平方剰余の相互法則です．まず，それらを思い出しましょう．

(3)（フェルマ・オイラーの定理）
〝n を与えられた自然数とする．そのとき，整数 a, $(a, n) = 1$, にたいして，

$$a^{\varphi(n)} \equiv 1 \pmod{n}$$

が成り立つ．特に，奇素数 p の場合，$(a, p) = 1$ にたいして，

$$a^{p-1} \equiv \pmod{p}$$

が成り立つ．〟

念のため，

(a, b) は a, b の最大公約数，

$$\varphi(n) = n\prod_{p|n}\left(1-\frac{1}{p}\right)\text{はオイラーの関数,}$$

$$= \{0 \leq a < n, (a,n)=1 \text{である整数} a \text{の個数}\},$$

特に, $\varphi(p) = p-1$,

です.ここで積は,n のすべての素因数 p にわたります.この定理については,第四回(合同の考え)をごらんください.

(4)(i)(平方剰余の相互法則)

"異なる奇素数 p, q にたいして

$$\left(\frac{p}{q}\right)\left(\frac{q}{p}\right) = (-1)^{\frac{(p-1)(q-1)}{4}},$$

が成り立つ"

(ⅱ)(第一補充法則)

"奇素数 p にたいして

$$\left(\frac{-1}{p}\right) = (-1)^{\frac{(p-1)}{2}},$$

が成り立つ"

(ⅲ)(第二補充法則)

"奇素数 p にたいして

$$\left(\frac{2}{p}\right) = (-1)^{\frac{(p^2-1)}{8}}$$

が成り立つ"

念のため,$a, (a, p) = 1$,が平方剰余,あるいは平方非剰余 $\bmod p$ であるとはそれぞれ

$$x^2 \equiv a \pmod{p}$$

の整数解が存在すること,あるいは,しないことを言います.また

$$\left(\frac{a}{p}\right) = \begin{cases} 0 & (a, p) \neq 1 \\ 1 & a \text{は平方剰余} \bmod p \\ -1 & a \text{は平方非剰余} \bmod p \end{cases}$$

と定義します.

相互法則を用いれば，(1)，(2)の⇒の部分は簡単に証明されます：
(1)の⇒． $x^2 + y^2 = p$ に整数解があれば $x^2 + y^2 \equiv 0 \pmod{p}$，すなわち，

$$x^2 \equiv -y^2 \pmod{p}$$

が成り立ちます．これは -1 が平方剰余 $\mathrm{mod}\, p$ であることを意味します．（y の $\mathrm{mod}\, p$ に関する逆元を両辺に乗ずれば $(xy^{-1})^2 \equiv -1 \pmod{p}$ です．）したがって第一補充法則により

$$\left(\frac{-1}{p}\right) = (-1)^{\frac{(p-1)}{2}} = 1$$

が成り立ちますから

$\dfrac{p-1}{2}$ は偶数，ゆえに $p \equiv 1 \pmod 4$．

(2)の⇒． $x^2 + 3y^2 = p\,(p \neq 3)$ が整数解をもてば，上と同様にして -3 が平方剰余 $\mathrm{mod}\, p$ であることがわかります．ゆえに

$$\left(\frac{-3}{p}\right) = 1.$$

一方，(4)の(ⅱ)（第一補充法則），(ⅰ)（相互法則）より

$$\left(\frac{-3}{p}\right) = \left(\frac{-1}{p}\right)\left(\frac{3}{p}\right)$$
$$= (-1)^{\frac{1}{2}(p-1)}(-1)^{\frac{1}{2}(p-1)\frac{1}{2}(3-1)}\left(\frac{p}{3}\right)$$
$$= \left(\frac{p}{3}\right) = \begin{cases} 1 & p \equiv 1 \pmod 3 \text{ のとき,} \\ -1 & p \equiv 2 \pmod 3 \text{ のとき,} \end{cases}$$

ですが，奇素数 $p(\neq 3)$ について，これで場合が尽きますから結局

$$\left(\frac{p}{3}\right) = 1 \Rightarrow p \equiv 1 \pmod 3$$

となります．

3． フェルマは， $x^2 + Ny^2$ の形の数についていろいろなことを，証明なしに

言明しています．例えば，1654 年頃に
- (5) "$8n+1$ または $8n+3$ の形の素数は x^2+2y^2 の形に書かれる"
- (6) "3 または 7 でおわる二つの素数でおのおのが $4n+3$ の形のものの積は x^2+5y^2 の形に書かれる"，
- (7) "$3n-1$ の形の素数は x^2+3y^2 の形には書かれない"
- (8) "$3n+1$ の形の素数は x^2+3y^2 の形に書かれる"

などと言明しています．(6)については，たとえば

$$23 \cdot 47 = 1081 = 19^2 + 5 \cdot 12^2,$$
$$43 \cdot 87 = 3741 = 44^2 + 5 \cdot 19^2$$
$$23 \cdot 43 = 989 = 3^2 + 5 \cdot 13^2,$$
$$47 \cdot 87 = 4089 = 13^2 + 5 \cdot 28^2$$

です．おそらくフェルマは暇（？）に任せてこのような数値を大量に計算していたのでしょう．

(7)は(4)の(ⅱ)（第一補充法則）によれば簡単に証明されます：整数 x, y により

$$3n-1 = x^2 + 3y^2$$

と書かれるとすれば，$\mathrm{mod}\, 3$ で考えて

$$x^2 \equiv -1 \pmod{3}$$

が成り立つはずです．これは -1 が平方剰余 $\mathrm{mod}\, 3$ であることを意味しますから

$$\left(\frac{-1}{3}\right) = 1$$

でなければなりませんが，一方，(4)の(ⅱ)（第一補充法則）によれば

$$\left(\frac{-1}{3}\right) = (-1)^{\frac{1}{2}(3-1)} = -1$$

ですから矛盾です．

(8)は(2)にほかありません．これについては，オイラーが 1761 年に
"$6n+1$ の形の素数は x^2+3y^2 の形に書かれる"

こと，および，すこしおくれて，(5)の一部分である
　"$8n+1$ の形の素数は x^2+2y^2 の形に書かれる"
ことの証明をはじめて発表しました．のちに，非常に注目すべき結果であるとして(5)（だけではなく，そのようにただ一通りに書かれること）の証明を与えています．

このほかにも，x^2+Ny^2 の形の数について，いろいろなことを証明ないし言明しています．たとえば

　　"$(x,y)=1$ ならば，x^2+2y^2 は，$2, 8n+1, 8n+3$ 以外の形の素因数をもたない"

　　"$8n+1$ の形の各素数は，無限に多くの方法で x^2-2y^2 の形に表される"

　　"$12n±1$ の形の素数は，無限に多くの方法で x^2-3y^2，$3x^2-y^2$ の形に表される"

　　"$20n+1, 20n+9$ の形の素数は x^2+5y^2 の形に表される"

　　"$14n+k, (k=1, 9, 11)$ の形の素数は，x^2+7y^2 の形に表される"

　　"$24n+1, 24n+7$ の形の素数は x^2+6y^2 の形に表される"

　　"$24n+5, 24n+11$ の形の素数は $3x^2+2y^2$ の形に表される"

(9) 　"$2x^2+y^2, (x,y)=1$，の各奇素因数は，またその形である"

などが挙げられます．

4．

(9)の証明を考えましょう．そのためにまず，

(10)　　"$2a^2+b^2$ が素数 $2p^2+q^2$ で割り切れるならば，その商も同じ形である"

ことを証明します．

$N=2a^2+b^2, P=2p^2+q^2$（P は素数）とおきます．そのとき，仮定により P は N を整除しますから，P は

$$a^2P - p^2N = a^2(2p^2+q^2) - p^2(2a^2+b^2)$$
$$= a^2q^2 - b^2p^2$$
$$= (aq-bp)(aq+bp)$$

を，したがって最右辺のどちらかの因子を整除します．そこで $aq±bp=mP$ と

おきます. そうすれば,

$$a = \frac{mP \mp bp}{q} = \frac{m(2p^2+q^2) \mp bp}{q}$$
$$= mq + \frac{(2mp \mp b)p}{q}$$

となりますから, $\frac{2mp \mp b}{q}$ は整数です. それを $\mp$ の符号にしたがい $= -n$ または $= +n$ とおきます. そのとき

$$b = nq \pm 2mp, \ a = mq \mp np,$$
$$N = 2a^2 + b^2 = 2(mq \mp np)^2 + (nq \pm 2mp)^2$$
$$= (計算省略)$$
$$= P(2m^2 + n^2)$$

が得られます. これがいいたいことでした.

この最後の式はまた, いくつかの $2a^2+b^2$ の形の数の積は再びその形であることを示しています. そして, $2a^2+b^2$ の形の数が, その形でない数で割り切れるならば, 商は, その形の素数 (あるいは, その形の素数の積) ではありません.

(9)のオイラーによる証明. $2x^2+y^2$, $((x,y)=1)$, がその形でない奇素因数 A' をもつとし, x,y を A' で割った最小絶対値剰余を $\pm a_0$, $\pm b_0$, $a_0, b_0 \geq 0$ とします: すなわち

$$x = mA' \pm a_0, \ y = nA' \pm b_0, \ 0 \leq a_0 \leq \frac{1}{2}A', \ 0 \leq b_0 \leq \frac{1}{2}A'.$$

さて, $(a_0, b_0) = k$, $a_0 = ka$, $b_0 = kb$ とすれば $(a,b)=1$ で, $(x,y)=1$ ですから $(k, A')=1$ です.

この a, b を用いて $A = 2a^2+b^2$ とおくと,

$$A = \frac{2(x-mA')^2 + (y-nA')^2}{k^2}$$
$$= \frac{2x^2+y^2+A'c}{k^2}$$

と書かれますから，A は A' で割り切れ$((k, A') = 1)$，$A = 2a^2 + b^2 \leq \frac{3}{4}A'^2$ が成り立ちます．しかし実は $\leq$ でなく $< \frac{3}{4}A'^2$ です．何故ならば $= \frac{3}{4}A'^2$ ならば $2a^2 + b^2 = \frac{3}{4}A'^2$ より A' は偶数でなければならないからです．(9)により，A を A' で割ったときの商は $2x^2 + y^2$ の形でない素因数 B' をもちます．B' は A の素因数でもあります．そして $B' \leq \frac{A}{A'} < \frac{3}{4}A'$．

ここで B を次のように定めます：$A > \frac{3}{4}B'^2$ ならば，上で A' から A を得たのと同様にして，B' から $B = 2c^2 + d^2$, $(c, d) = 1$, $B < \frac{3}{4}B'^2$ を定めます．そうでない場合は，$B = A$ とします．そうすれば，A から B' を得たのと同様にして，B の素因数 $C' < \frac{3}{4}B'$ が得られます．ここで C' は $2x^2 + y^2$ の形ではないが，$C = 2e^2 + f^2 < \frac{3}{4}C'^2$, $(e, f) = 1$, の素因数です．以上の操作を続ければ，$2x^2 + y^2$ の形でない数で割り切れ，どんどん小さくなる $2z^2 + w^2$, $(z, m) = 1$, の形の数が得られることになります．しかし，小さな数 $2z^2 + w^2$ の素因数はその形をしています．矛盾．

この証明のアイデアは，第十三回で説明した"無限降下法"にほかありません．また，オイラーはこの証明法を少し修正して

"$3x^2 + y^2$, $(x, y) = 1$, の形の数の各素因数 $\neq 2$ は，またその形である"

を証明しています．

5．
(5)の証明は次のとおりです：
$p = 8n + 1$ を素数とします．そのとき，$\varphi(p) = 8n$ ですから，p が c の約数でなければ，フェルマ・オイラーの定理(3)により

が成り立ちます．$c^{8n}-1 = (c^{4n}-1)(c^{4n}+1)$ですから，$c$ を

$$c^{8n}-1 \equiv 0 \pmod{p}$$

$$c^{4n}-1 \not\equiv 0 \pmod{p}$$

にとれば

$$c^{4n}+1 \equiv 0 \pmod{p}.$$

さて，

$$c^{4n}+1 = (c^{2n}-1)^2 + 2(c^n)^2, \quad (c^{2n}-1, c^n) = 1,$$

と書かれます．すなわち，p は x^2+2y^2, $(x, y)=1$，の形の数の素因数です．よって，(9)により p は a^2+2b^2 の形です．

今度は，素数 $p = 8n+3$ を考えます．このとき，$\varphi(p) = 8n+2$ ですから，フェルマ・オイラーの定理により

$$(2^{4n+1}-1)(2^{4n+1}+1) = 2^{8n+2}-1 \equiv 0 \pmod{p}.$$

よって，$2^{4n+1}-1 \equiv 0 \pmod{p}$ または $2^{4n+1}+1 \equiv 0 \pmod{p}$ でなければなりません．しかし，前者は成り立ちません（証明後述）．そして，

$$2^{4n+1}+1 = 1 + 2 \cdot (2^{2n})^2$$

は x^2+2y^2, $(x, y)=1$，の形ですから，(9)によりその素因数 p もその形です．

$2^{4n+1}-1 \equiv 0 \pmod{p}$ （p は $8n+3$ の形）でないことの証明．そのためには，$2^{4n+1}-1$ の素因数が $8n \pm 1$ の形であることをいえばよろしい．q を素数，$2^{4n+1}-1 \equiv 0 \pmod{q}$，すなわち $2^{4n+1} \equiv 1 \pmod{q}$ とします．2 をこの両辺にかけると

$$(2^{2n+1})^2 \equiv 2 \pmod{q}$$

で，これは 2 が平方剰余 $\bmod q$ であることを意味します．よって，(4)の( )（第二補充法則）により

$$\left(\frac{2}{q}\right) = (-1)^{(q^2-1)/8} = 1.$$

これから $q = 8n \pm 1$ の形であることが分かります．

$p = 8n+3$ については次のように証明することもできます（上とほとんど同

じですが).

a, b が p と素な数ならば,
$$(ab^{-1})^{8n+2} - 1 \equiv 0 \pmod{p}$$
ですから $a^{8n+2} - b^{8n+2} \equiv 0 \pmod{p}$ です．したがって p は $a^{4n+1} - b^{4n+1}$，または $a^{4n+1} + b^{4n+1}$ の素因数です．
$a = c^2, b = 2d^2, (c, d) = 1$，とおけば,
$$a^{4n+1} \pm b^{4n+1} = (c^{4n+1})^2 \pm 2(2^{2n}d^{4n+1})^2,$$
すなわち, $A^2 \pm 2B^2, (A, B) = 1$, の形です．ところが, $A^2 - 2B^2$ の素因数は $8n \pm 1$ の形でなければなりません．（このことの証明は, $2^{4n+1} - 1$ の素因数が $8n \pm 1$ の形であることの証明と全く同様です．）よって p は $A^2 + 2B^2$ の素因数となり, (9) により p 自身その形でなければなりません．

以上, $x^2 + Ny^2$ の形の数の性質について，すこしばかり調べました．これは，二次形式 $ax^2 + bxy + cy^2$ の特別な場合です．二次形式の数論を高め，深めたのはガウスです．数論のバイブルである彼の "数論研究 (Disquisitiones Arithmeticae)" の半分以上を占める第五章が二次形式の研究にあてられています．そして $x^2 + Ny^2$ の形の数の研究は類体論に通じているのです．これについては D.A.Cox のすばらしい本 "Primes of the form $x^2 + ny^2$" (John Wiley&Sons, 1989) があります．この本の副題は "フェルマ，類体論および虚数乗法" です．

6． ついでに
(11) "p を素数とすれば, $x^p + y^p, (x, y) = 1$，の $x + y$ を割らない奇数の素因数は，$2cp + 1$ の形である"

ことを証明しましょう．

証明の根拠は次の通りです：フェルマ・オイラーの定理により, 素数 q にたいして $(q, a) = 1$ ならば
$$a^{q-1} \equiv 1 \pmod{q}$$
ですが,
(12) "k を $a^k \equiv 1 \pmod{q}$ である最小の数とすれば k は $q-1$ の約数である．

また，$a^l \equiv 1 \pmod{q}$ ならば，k は l の約数である．"

まず，(12)を証明します．$q-1 = kt + r$, $0 \leq r \leq k$, $r \neq 0$，とすれば
$$1 \equiv a^{q-1} = a^{kt+r} = a^{kt} \cdot a^r \equiv a^r \pmod{q}.$$
これは k の最小性に矛盾します．ゆえに $r=0$，すなわち k は $q-1$ の約数です．

(12)の後半も同様に証明されます．

(12)のような k を a の位数 $\mod q$ といいます．

さて(11)にもどります．q を $x^p + y^p$ の $x+y$ を割らない奇数の素因数とすれば，$(x,y)=1$ ですから $(x,q) = (y,q) = 1$ で
$$x^p \equiv -y^p \pmod{q}, \ (xy^{-1})^p \equiv -1 \pmod{q}$$
$$(xy^{-1})^{2p} \equiv 1 \pmod{q}.$$

xy^{-1} の位数 $\mod q$ を k とすれば

(13) $\qquad\qquad 2p \equiv 0$ かつ $q - 1 \equiv 0 \pmod{k}$．

ゆえに，始めの式から $k=2$, p または $2p$ です．

$k=2$ のとき $(xy^{-1})^2 \equiv 1 \pmod{q}$ ですから $x \equiv \pm y \pmod{q}$．ここで q のとり方から $x \not\equiv -y \pmod{q}$ です．$x \equiv y \pmod{q}$ ならば $x^p + y^p \equiv 2x^p \pmod{q}$，したがって $(xy^{-1})^p \equiv 1 \pmod{q}$，となりますがそれは $(xy^{-1})^p \equiv -1 \pmod{q}$ に矛盾します．

$k = p$ は $(xy^{-1})^p \equiv -1 \pmod{q}$ に矛盾します．

$k = 2p$ のときは，(13)の第二式より q が望まれた形になることが分かります．

(11)の応用として，奇素数 p にたいし，$2cp+1$ の形の素数が無限に多く存在することを証明しましょう．

そのような形の素数は有限個しか存在しないと仮定し，それら有限個の素数のすべての積に 2 をかけた数を x とします．そのとき，$x^p + 1$ はそれら素数および 2 では割り切れません．しかし(11)により $x^p + 1$ の素因数は $2cp+1$ の形です．こうしてはじめにとった有限個以外の $2cp+1$ の形をした素数が得られました．矛盾．

問1．(12)の後半を証明しなさい．

問2．$A^2 - 2B^2$, $(A, B) = 1$, の形の数の素因数は，2 または $8n \pm 1$ の形であることを証明しなさい．

問3．p を素数とするとき．$x^p - y^p$, $(x, y) = 1$ の $x - y$ を割らない素因数は $cp + 1$ の形であることを証明しなさい．

16. 素数は無限に多くある(2)

1. 第七回で,素数が無限にある(ユークリッドの素数定理)ことの,いろいろな形の証明を紹介しました.ユークリッドの証明の,その簡単な変形である $\pi(n) > \log\log n, n > 1$, (ここで, $\pi(n)$ は n を越えない素数の個数)による証明,リーマンの ζ-関数のオイラー積による証明, $\sum_p \dfrac{1}{p}$ の発散による証明(ここで和はすべての素数にわたります.やはり,リーマン・ゼータ関数のオイラー積を用います)などでした.

ここで,ユークリッドの証明とは

"p を素数とし, p 以下のすべての素数に1を加えて得られる数を N とする:

$$N = 2 \cdot 3 \cdot 5 \cdots p + 1.$$

このとき, N が素数ならばそれは $2, 3, 5, \cdots, p$ 以外の新しい素数であり, N が合成数ならば, N は p 以下の素数では割り切れないから,その素因数は新しい素数である"

というものです.

また, $4n+3$ の形の素数が無限に多く存在する(これもユークリッドの素数定理の一つの証明です)ことを,ユークリッドの証明をまねて証明しました. $4n+1$ の形の素数が無限に多く存在することは,単なる真似ではできませんが,そのことを第9回(平方剰余)では,まず

(1) "x^2+1 の形の整数を割る素数は $4n+1$ の形である"

ことを平方剰余の相互法則の第一補充法則により証明し,ユークリッドの証明を真似て証明しました.このとき,上記 N に相当するものは

(2)
$$4(5 \cdot 13 \cdots p)^2 + 1$$

です．p は $4n+1$ のかたちの素数で，（ ）の中は，p 以下のすべての $4n+1$ 型の素数の積です．

この方向では，決定的なディリクレの素数定理

"$(a, d) = 1$ ならば，初項 a，公差 d の等差数列の中には無限に多くの素数が作在する"

があります．上に述べたのはこの例に過ぎません．しかし，ディリクレの素数定理の証明は解析的手段を用いるもので（現在のところ，類体論以前ではこの証明しかありません）なかなか難しく，相当な準備を必要とします．したがって上のように，初等的に証明することが可能な a, d を探して，実際に証明してみる，というのもなかなかおもしろい知的ゲームです．今回はそのようないくつかの a, d を紹介します．そのときの証明の方法は(1)に対応することを証明し，(2)にあたえたような適切な形の数をうまく設定することにあります．そして，(1)は，平方剰余の相互法則の応用です．それは前回にも登場したのですが，そこをいちいち参照するのも面倒ですから，ここでまず相互法則を振り返っておきましょう．そして簡単のため $\chi_p(q) = \left(\dfrac{q}{p}\right)$ と書きます．

(3)（平方剰余の相互法則）"p, q を異なる奇素数とすれば

$$\chi_p(q)\chi_q(p) = (-1)^{\frac{1}{2}(p-1)\frac{1}{2}(q-1)}$$

が成り立つ．"

(4)（第一補充法則）p を奇素数とすれば

$$\chi_p(-1) = (-1)^{\frac{1}{2}(p-1)}.$$

(5)（第二補充法則）p を奇素数とすれば

$$\chi_p(2) = (-1)^{(p^2-1)/8}.$$

ここで念のため，素数 p，$(a, p) = 1$，にたいし，$x^2 \equiv a \pmod{p}$ が解をもつとき，すなわち a が平方剰余 $\bmod p$ のとき，

$$\chi_p(a) = 1,$$

$x^2 \equiv a \pmod{p}$ が解をもたないとき，すなわち a が平方非剰余 $\mathrm{mod}\, p$ のとき，

$$\chi_p(a) = -1,$$

です．

(1)の型の問題としては，一般に $x^2 + Ny^2$ の形の数を考えることになります．それは前回の主対象でした．しかし今回は問題意識はやや異なり，その形の数の素因数の形を問題にするのです．

2. 少し筋から外れますが，こんな証明もあると言う意味でユークリッドの素数定理のユークリッドによる証明の，簡単な変形を紹介します．これは T.J.Stielties によるものです(1890)：与えられた素数 p 以下のすべての素数の積を P とし，$P = A \cdot B$ と二つの数の積に分解します．そのとき $N = A + B$ は，p 以下のどんな素数でも割り切れません．よって，N の素因数は新しい素数です．

ここで $A = 1$ ととれば $N = 1 + P$ で，この場合がユークリッドの証明です．

3. ここでは前回紹介したオイラーの言明

"$6n+1$ の形の素数は $x^2 + 3y^2$ の形に書かれる"

にヒントを得て，

(6)　"$6n+1$ の形の素数は無限に多く存在する"

ことを証明しましょう．そのために

(7)　"$x^2 + 3y^2$, $(x, y) = 1$, の奇素因数は $6n+1$ の形である"

を証明します．

証明：$x^2 + 3y^2$ を割る奇素数を q とします．すなわち

$$x^2 + 3y^2 \equiv 0 \pmod{q}, \quad x^2 \equiv -3y^2 \pmod{q}.$$

これは -3 が平方剰余 $\mathrm{mod}\, q$ であることを意味します．（何故ならば，$(y, q) \neq 1$

ならば合同式より $(x,q) \neq 1$ となりますから $(x,y)=1$ に矛盾．したがって $y^{-1} \bmod q$ が存在し，後の合同式の両辺に y^{-2} をかければ $(xy^{-1})^{-2} \equiv -3 (\bmod q)$ となるからです．以下，証明のこの過程は省略します．）

よって，$\chi_q(-3)=1$ です．一方，第一補充法則(4)，相互法則(3)，第二補充法則(5)により

$$\chi_q(-3) = \chi_q(-1)\chi_q(3)$$
$$\overset{*}{=}(-1)^{\frac{1}{2}(q-1)}\chi_3(q)(-1)^{\frac{1}{2}(3-1)\frac{1}{2}(q-1)}$$
$$=\chi_3(q)$$

ですから，結局

$$\chi_3(q)=1$$

が得られました．$\bmod 6$ で素数は $\equiv 1$ または $\equiv 5$ の二種類です．そして

$$q \equiv 1 (\bmod 6) \quad \text{ならば} \quad \chi_3(q)=\chi_3(1)=1,$$
$$q \equiv 5 (\bmod 6) \quad \text{ならば} \quad \chi_3(q)=\chi_3(2)\overset{\#}{=}(-1)^{(3^2-1)/8}=-1$$

ですから，$q \equiv 1(\bmod 6)$，すなわち $q=6n+1$ の形でなければなりません．

上の計算では，＊のところで第一補充法則と相互法則を用い，＃のところで第二補充法則を用いました．

では(6)を証明しましょう．p を与えられた $6n+1$ の形の素数とし，$7, 13, 19, \cdots, p$ を p を越えないすべての $6n+1$ の形の素数とします．それら以外の $6n+1$ の形の素数があることを言えばよいのです．

$$N = (7 \cdot 13 \cdot 19 \cdots p)^2 + 3$$

とおきます．（　）のなかは，p を越えないすべての $6n+1$ の形の素数の積です．

N は x^2+3y^2 の形をしています——ここで $y=1$ ——から，N を割る素数は $q=6n+1$ の形です．そして N は，（　）のなかの素数では割り切れませんから，q は（　）のなかにない新しい素数です．

(8) "$6n-1$ の形の素数は，無限に多く存在する"

は $4n-1$ の形の素数が無限にあることの証明を真似ればできます. p を与えられた $6n-1$ の形の素数とし, $N = 6(5 \cdot 11 \cdots p) - 1$ を考えればよろしい. すなわち, N が素数ならば, それは (　) のなかに現れていない $6n-1$ の形の素数です. N が合成数ならば, その素因数は $6n+1$, または $6n-1$ の形です. ところが, $6n+1$ の形の数の積はつねにまた $6n+1$ の形です. したがって, N の素因数で $6n-1$ の形のものが少なくとも一つは存在します. そしてそれは, (　) のなかにない素数です.

4. 上では, $x^2 + 3y^2$ の形の数を考えました. $x^2 - 3y^2$ ではどうなるでしょうか. それについては

(9) "$x^2 - 3y^2$, $(x, y) = 1$, の形の数を割る奇素数は $12n \pm 1$ の形である"

が成り立ちます.

(9)を証明しましょう. 証明のアイデアは(7)と同じです.

q を $x^2 - 3y^2$ の奇素因数とすれば,

$$x^2 - 3y^2 \equiv 0 \pmod{q}, \quad x^2 \equiv 3y^2 \pmod{q},$$

すなわち, 3 は平方剰余 $\bmod q$. ゆえに

$$\chi_q(3) = 1$$

です. 一方, 相互法則(3)により

(10)
$$\chi_q(3) = \chi_3(q)(-1)^{\frac{1}{2}(3-1)\frac{1}{2}(q-1)}$$
$$= \chi_3(q)(-1)^{\frac{1}{2}(q-1)}$$

で, これが 1 に等しいわけです.

$\bmod 12$ に関し, 奇素数 q は $12n \pm 1$, 12 ± 5 の 4 通りあり, それらについて計算して $12n \pm 1$ のときだけ(10)の値が 1 に等しいことが分かります.

(9)を用いて

(11) "$12n-1$ の形の素数は無限に多く存在する"

を証明することができます.

証明：p を与えられた $12n-1$ の形の素数とし，p 以下のすべての $12n-1$ の形の素数の積の平方から 3 を引いた数を N とします：

$$N = (11 \cdot 23 \cdots p)^2 - 3.$$

このとき，$(11 \cdot 23 \cdots p)^2$ は $12n+1$ の形ですから，N は $12n-2 = 2(6n-1)$ の形です．また $x^2 - 3y^2$ の形 ($y=1$) ですから，(9)により N の素因数は $12n \pm 1$ の形をしています．しかし，$12n+1$ の形の数の積はやはり $12n+1$ の形であって，けっして $2(6n-1)$ の形にはなりません．したがって，$2(6n-1) = N$ の素因数には $12n-1$ の形のものが少なくとも一つは存在します．そしてそれは N の定義の（　）に現れている素数とは異なります．これで，$11, 23, \cdots, p$ 以外に $12n-1$ の形の素数が存在することが分かりました．

この証明と，$6n+1$ の場合の証明とを比べると，そのときの証明の根拠となった(7)では，$x^2 + 3y^2$ の素因数は一種類 ($6n+1$ の形) だけですが，今の場合，(9)では $x^2 - 3y^2$ の素因数は二種類 ($12n \pm 1$) あるところが違います．そのため，N が $2(6n-1)$ の形であることを調べて，$12n-1$ の形の素因数をすくいあげるという手間をかけなければならなかったのです．

$12n+1$ の形の素数が無限に多く存在することは，この方法では証明できません．

5.

$8n-1, 8n+3$ の形の素数を考えましょう．まず

(12) "$x^2 + 2y^2, (x,y) = 1$，の形の数を割る奇素数は $8n+1, 8n+3$ の形である"
(13) "$x^2 - 2y^2, (x,y) = 1$，の形の数を割る奇素数は $8n+1, 8n-1$ の形である"

を証明します．

(12)の証明：$x^2 + 2y^2$ を割る奇素数を q とすれば，-2 は平方剰余 $\bmod q$，すなわち $\chi_q(-2) = 1$ です．第一補充法則(4)，第二補充法則(5)より，

$$\begin{aligned}\chi_q(-2) &= \chi_q(-1)\chi_q(2) \\ &= (-1)^{\frac{1}{2}(q-1)}(-1)^{(q^2-1)/8} \\ &= (-1)^{(q+5)(q-1)/8}\end{aligned}$$

が得られますが，$\bmod 8$ に関して素数 q は $\equiv 1, 3, -3, -1$ の四通りありますから，

それらについて $\chi_q(-2)$ の値を計算して，$q = 8n+1, 8n+3$ のときに限りその値が 1 であることが分かります．

(13)の証明：この場合，2 が平方剰余 $\bmod q$ ですから，$1 = \chi_q(2) = (-1)^{(q^2-1)/8}$ で，上と同様に計算して $q = 8n \pm 1$ のときに限り $\chi_q(2) = 1$ であることが分かります．

(12), (13)のもとで次の結果を証明することができます：

(14)　　"$8n+3$ の形の素数は無限に多く存在する"

(15)　　"$8n-1$ の形の素数は無限に多く存在する"

(14)の証明：p を $8n+3$ の形の素数とし

$$N = (3 \cdot 11 \cdot 19 \cdots p)^2 + 2$$

とおきます．（　）のなかは，p 以下のすべての $8n+3$ の形の素数の積です．

まず N は $8n+3$ の形をしています．そしてまた，N は $x^2 + 2y^2$ の形をしていますから，(12)により N の素因数は $8n+1, 8n+3$ の形です．しかし $8n+1$ の形の数をいくつ掛け合わせても $8n+3$ の形にはなりません．したがって，N は $8n+3$ の形の素因数を少なくともひとつ含み，それは（　）のなかにはない $8n+3$ の形の素数です．

(15)の証明も同様で，p を与えられた $8n-1$ の形の素数とし

$$N = (7 \cdot 23 \cdot 31 \cdots p)^2 - 2$$

を考え，(13)および N は $8n-1$ の形であることに注意すればよろしい．

この詳しい証明は，読者への問題とします．

(16)　　"$8n-3$，すなわち $8n+5$ の形の素数は無限に多く存在する"

の証明には（(1)で間に合うのですが，一般の形で言つて）

(17)　　"$x^2 + y^2$ の形の数を割る奇素数は $8n+1, 8n+5$ の形である"

を用います．(17)は，第九回の **6** で実質的に $x^2 + y^2$ の形の数の奇素因数は $4n+1$ の形であることを用いましたが，それを $\bmod 8$ で書き直したものです．

(16)の証明には，p を与えられた $8n+5$ の形の素数とし，

$$N = 4(5 \cdot 13 \cdots p)^2 + 1$$

を考えます．（　）の中は p をこえないすべての $8n+5$ の形の素数の積です．N は $8n+5$ の形をしています．このことに注意すれば，N が少なくとも一つの $8n+5$ の形の素因数を含むことが分かり，(16)の証明が得られます．

6. $10n-1$ の形の素数については，まず
(18)　"$x^2 + 5y^2$ の形の数を割る素数は，$10n \pm 1$ の形である"
を証明します．そうすれば，今までと同様の考えで，
(19)　"$10n-1$ の形の素数は，無限に多く存在する"
を証明することができます．そのためには，

$$N = 4(19 \cdot 29 \cdots p)^2 + 5$$

を考えればよいのです．詳しい証明は，読者にまかせましょう．

　以上で分かるように，mod が大きくなれば，考えている形の数の素因数は多様になり，目的の形の素数だけを取り出すことは恐らく不可能でしょう．それに，たとえそれができたとしても，ディリクレの素数定理のひとつひとつの場合を攻略していくのはそれこそ無限の時間を必要とします．

　ディリクレの決定的な結果以前，何か手工業的状況に陥った感があります．そこから抜け出すには，ディリクレによる発想の転換が必要でした．そこらあたり，フェルマ予想にたいする攻撃の歴史的状況に似ているような気がします．クンマー以前，やはり手工業的状況がつづき，クンマーの記念碑的論文で発想の転換が行われたものの，それだけでは及ばず，フライによる，谷山豊氏が"東京・日光シンポジウム（1956 年）"において提起した予想とフェルマ予想との結び付けという，発想の一大転換があって解決に導かれたのでした．

7. テーマからは外れるのですが，素数を表す関数について少し触れておきます．
(Ⅰ)　第 n 番目の素数を p_n と書くとき，素数列 $\{p_n\}$ の一般項を与える公
　　式はあるか，
(Ⅱ)　与えられた素数の次の素数を与える一般公式はあるか，

(III)　素数値のみをとる関数は存在するか

という，大変難しい問題があります．このような問題も古くから考えられていて，たとえば，第六回で触れたフェルマ数 $F = 2^{2^n} + 1$ はそのような問題意識の産物といえるでしょう．フェルマは F_n, $n = 0, 1, 2, 3, 4$, はすべて素数であることを確かめ，すべての n にたいして，F_n は素数であろうと予想したのでした．（実はフェルマは F_n, $n = 5, 6$ についても計算し，それらは素数であると考えていたようです．おそらく計算間違いがあったのでしょう．）その予想は誤りであったのですが，明らかに問題(III)の方向を向いています．(III)については次のことが知られています：

"整数係数の多項式 $f(x_1, x_2, \cdots, x_n)$ が存在して，正の整数 $x_1, x_2, \cdots, x_n$ にたいして $f(x_1, x_2, \cdots, x_n)$ の値が正ならば，それは素数であり，すべての素数 p はある正の整数の $x_1, x_2, \cdots, x_n$ により

$$p = f(x_1, x_2, \cdots, x_n)$$

と表される．"

さらに，21変数，21次のそのような多項式が実際に構成されています（マチアセビッチ）．

このようなすごいものでなくとも，x の有限個の連続する整数値にたいして素数値を取る一変数多項式のいくつかが古くから知られています．その例を挙げます．

(i)　$x^2 - x + 41$ は $x = 1, \cdots, 40$ にたいして素数である（オイラー），

(ii)　$x^2 + x + 17$ は $x = 0, 1, \cdots, 15$ にたいして素数である（オイラー），

(iii)　$2x^2 + 29$ は $x = 0, 1, \cdots, 28$ にたいして素数である（ルジャンドル），

(iv)　$x^2 + x + 41$ は $x = -40, \cdots, -1, 0, 1, \cdots, 39$ にたいして素数である（エスコット），

(v)　$x^3 + x^2 + 17$ は $x = -14, -13, \cdots, +10$ にたいして素数である（エスコット），

(vi)　$x^2 - 2999x + 2248541$ は $1460 \le x \le 1539$ にたいして素数である（ミオ）．

これらは問題(III)にたいする先人の苦心の跡か，と思われます．このうち，たとえば(i)でも記憶に残しておけば，いくつかの素数が必要なとき，役に立

つでしょう.

　（ⅰ）で $x = 39, 40$ とすれば，それぞれ素数 1523, 1601 が得られますし，また（ⅵ）で（これはちょっと覚えておく訳にはいかないでしょうが）$x = 1460, 1539$ とすれば，どちらの場合にも素数 1601（上と同じ）が得られます.

　上では（ⅴ）が 3 次式であることが目立ちます．そこの多項式を $f(x)$ とすれば，$f'(x) = 3x^2 + 2x = 0$ より $x = 0, -\dfrac{2}{3}$. 後者で $f(x)$ は極大ですが，そのあたりでは素数 $f(-1) = 17 (= f(0))$, そして右端では $f(10) = 1117$, 左端では $f(-14) = -2531$ です.

8. そのほかの，素数に関する話題をいくつか紹介します．

　まず，双子素数について．第七回でエラトステネスの篩を説明しました．そこでは 31 までしか並べていませんが，相当大きい数まで篩にかけると，3, 5, ; 5, 7, ; 11, 13 ; 17, 19 ; … のように，ひとつおきの素数の組，すなわち双子素数（$p, p+2$ がともに素数），がどこまでも続いているらしいことが見て取れます．そこで，双子素数は無限に多く存在するであろう，と予想されていますが，現在未解決です．

　ところで，$p, p+2 (p \neq 3)$ を mod 3 で考えると，

$$p \equiv 1 \pmod{3} \text{ ならば } p+2 \equiv 3 \equiv 0 \pmod{3},$$

ですから，それらが双子素数ならば，$p \equiv 2 \pmod{3}$ でなければなりません.

　では，三つ子素数——$p, p+2, p+4$ は素数——は存在するでしょうか．$p \neq 3$ ならば，$p, p+2$ のどちらかは $\equiv 1 \pmod{3}$ ですから，上に示したことより，三つ子素数にはなり得ません．したがって，三つ子素数は 3, 5, 7 だけです．少し条件をゆるめて 2, 3, 5 も三つ子にいれてよいでしょう．

　チェビシェフは，ベルトランの公準

　　　"任意の $x > 3$ にたいして，x と $2x - 2$ の間には必ず素数が存在する"
を証明しました．さらに，

　　　"各 $\varepsilon > 1/5$ にたいして，数 δ が存在し，各 $x \geq \delta$ にたいして x と $(1+\varepsilon)x$ の

間に必ず素数が存在する"
をも証明しています．

　x が大きければ x と $2x-2$ の間隔は長くなります．素数が無限に多くある以上，長い区間に素数があるというのはしごく当然のようですが，ベルトランの公準の証明は大変難しいのです．ところで逆に，素数が存在しないような整数のどんなに長い区間をも作ることができます．n を（大きな）自然数とすると

$$n!+2,\ n!+3,\ n!+4,\ \cdots,\ n!+n$$

は，連続する $n-1$ 個の合成数の列です．

　素数に関する未解決の問題には次のようなものがあります：
(vii)　"n^2 と $(n+1)^2$ の間には必ず素数が存在する"
(viii)　"（ゴールドバッハ）" $n>4$ が偶数ならば，n は二つの奇素数の和として表される"
(ix)　"ある自然数 n_0 が存在して，n_0 より大きな自然数は，平方数であるか，または一つの平方数と一つの素数の和として表される"

17. ゼータ関数の値

1. 数論において，最も重要な対象は何かと尋ねられれば，躊躇する事なくゼータ関数と答えるでしょう．いや，数学において，と言ってもよいと思います．リーマン・ゼータ関数

$$(1) \quad \zeta(s) = \sum_{n=1}^{\infty} \frac{1}{n^s}, \quad R(s) > 1$$

はそのもっとも重要，かつ基本的な一つで，これについては何度か触れました．

念のため，$R(s)$ は複素数 s の実数部分を示します．また，正の数 a の複素数 s 乗，a^s，は

$$a^s = e^{s \log a},$$

ここで $e^{x+iy} = e^x \cdot e^{iy} = e^x(\cos y + i \sin y)$, x, y は実数，

により定義されます．

ゼータ関数にはいろいろなものがあります．たとえば

$$(2) \quad \zeta_K(s) = \sum_{\alpha \neq 0} \frac{1}{N(\alpha)^s}, \quad R(s) > 1,$$

（ここで $K = Q(\sqrt{-1})$ で，α は K のすべての整数をうごきます．また，$N(\alpha)$ は α のノルムです．）
は，K のデデキント・ゼータ関数とよばれています．もっと一般に，高次の体のデデキント・ゼータ関数も定義されますが，ここでは省略します．

(2)で

$$a(n) = \{N(\alpha) = n \text{ を満たす } \alpha \text{ の個数}\}$$

とおけば，

$$\text{(3)} \quad \zeta_K(s) = \sum_{n=1}^{\infty} \frac{a(n)}{n^s}$$

と書かれます.

一般に,数論的関数 $a(n)$ が与えられたとき

$$\sum_{n=1}^{\infty} \frac{a(n)}{n^s}$$

の形の級数をディリクレ級数と呼んでいます. もちろん, 収束しなければ問題にはなりません.

微分積分学で扱うべき級数の収束範囲は, $-r < x < r$, $(r > 0$. $r = \infty$ でもよい. また, $<$ は $\leq$ のこともある.) の形をしていますが, ディリクレ級数の場合は $R(s) > c$, すなわち, 複素数平面で実軸上の点 c を通る縦線の右側半平面, の形をしていることだけ注意しておきます.

前回の記号に従って, $\chi_p(n)$ を平方剰余記号 $\bmod p$ とすると, ディリクレ級数

$$\text{(4)} \quad L(s, \chi) = \sum_{n=1}^{\infty} \frac{\chi_p(n)}{n^s}, \quad R(s) > 1$$

が考えられます. ディリクレの L-級数(関数)と呼ばれます.

さて(3)は

$$N(\alpha) = a^2 + b^2, \quad \alpha = a + \sqrt{-1}\, b$$

ですから, 第 15 回で考えた

'$n = x^2 + Ny^2$ と書かれる数 n はなにか, また何通りに書かれるか'

という問題と密接に関係することは明らかでしょう.

第 3 回 "形式的べき級数" では, 数論的関数(あるいは, 数列)にたいして "形式的べき級数全体の作る環" を考え, いろいろな計算が, 数論的関数自身で行うよりはるかに順調に行くことを見ましたが, 形式的べき級数の代わりに, (形式的)ディリクレ級数の環を考えることもできます.

さて(2)にもどり, $N(\alpha) = a^2 + b^2$ を(a, b についての)正定値二次形式とみ

ることができます．そこで一般に，$Q(x, y)$ を正定値二元二次形式（より一般には，n-変数の，すなわち多元の正定値二次形式）とするとき，(2) をまねて

$$Z(s, Q) = \sum_{x, y}{}' \frac{1}{Q(x, y)^s}, \quad R(s) > 1.$$

が定義されます．ここで和は，$(0, 0)$ を除くすべての整数の組 (x, y) にわたります．Z はエプシュタイン・ゼータ関数と呼ばれています．またこれの特別な場合とみなすことができますが，

$$E(\tau, s) = \sum_{m, n}{}' \frac{1}{|m\tau + n|^{2s}}, \quad R(s) > 1 \quad (\mathrm{Im}\,\tau > 0)$$

はアイゼンスタイン級数とよばれます．（和の条件は上と同じ．）

リーマンのゼータは

$$\zeta(s) = \sum_{n=1}^{\infty} \frac{1}{(n^2)^{\frac{s}{2}}}$$

とみれば一変数二次形式 $Q(x) = x^2$ に対するエプシュタインゼータです．

念のため，$Q(x, y)$ が正定値二元二次形式であるとは，二元（＝二変数）二次形式

$$Q(x, y) = ax^2 + bxy + cy^2$$

が，$(0, 0)$ でない任意の (x, y) にたいして値 $Q(x, y) > 0$ であることをいいます．このほかにもいろいろなゼータがありますが，今回以降登場するかもしれないゼータを紹介しました．

2. ゼータ関数は，研究の対象（目的）でもあり，手段でもあります．そしていろいろな側面をもっています．今回および次回は，リーマン・ゼータ $\zeta(s)$，ディリクレの $L(s, \chi)$ の整数値 s に対する値についてお話しします．

すでに，

(5)
$$\zeta(2) = \sum_{n=1}^{\infty} \frac{1}{n^2} = \frac{\pi^2}{6}$$

であることはいいました．これだけならば，微分積分学の範囲（といっても大学2年後半）ですから，まずこのことのオイラー（のアイデア）による証明を紹介しましょう．

はじめに，

$$\sum_{n=1}^{\infty} \frac{1}{n^2} = \sum_{n=1}^{\infty} \frac{1}{(2n)^2} + \sum_{n=0}^{\infty} \frac{1}{(2n+1)^2}$$
$$= \frac{1}{4} \sum_{n=1}^{\infty} \frac{1}{n^2} + \sum_{n=0}^{\infty} \frac{1}{(2n+1)^2}$$

より

$$\sum_{n=0}^{\infty} \frac{1}{(2n+1)^2} = \frac{3}{4} \sum_{n=1}^{\infty} \frac{1}{n^2}$$

ですから，(5)のためには

(6)
$$\sum_{n=0}^{\infty} \frac{1}{(2n+1)^2} = \frac{\pi^2}{8}$$

をいえばよいことを注意しておきます．

(6)は形式的には（収束などをスキップすれば）次のように導かれます：すなわち

(7) $\quad \arcsin x = \sum_{n=0}^{\infty} \frac{(2n-1)!!}{(2n)!!} \frac{x^{2n+1}}{2n+1}$, 右辺は[-1, 1]で一様収束，

(8)　部分積分による広義積分

$$\int_0^1 \frac{\arcsin x}{\sqrt{1-x^2}} dx = \frac{\pi^2}{8}$$

の計算，

(9)　(7)を用いて $\int_0^1 \frac{\arcsin x}{\sqrt{1-x^2}} dx = \sum_{n=0}^{\infty} \frac{1}{(2n+1)^2}$ ．

そこで，(8)，(9)を結び付ければ(5)が得られます．

上の説明をしましょう．(7)で用いた!!は二つずつ減って行く自然数の積，す

なわち

$$m!! = \begin{cases} m(m-2)(m-4)\cdots\cdots 4\cdot 2 & m:偶数 \\ m(m-2)(m-4)\cdots\cdots 3\cdot 1 & m:奇数 \end{cases}$$

のことです．($m!$)!ではありません．$0!! = (-1)!! = 1$と約束します．$m!!$の訳語はないようですが，2減階乗とでもいえばよいのでしょうか．

(8)の広義積分は，積分の上端1において積分子は$\to \infty$ですから，そこで積分は広義である，というわけで

$$\lim_{\substack{h \to 1 \\ h<1}} \int_0^h \frac{\arcsin x}{\sqrt{1-x^2}}\,dx = \int_0^1 \frac{\arcsin x}{\sqrt{1-x^2}}\,dx$$

のことです．

(9)は

$$\int_0^1 \frac{\arcsin x}{\sqrt{1-x^2}}\,dx = \lim_{\substack{h \to 1 \\ h>1}} \int_0^h \frac{\arcsin x}{\sqrt{1-x^2}}\,dx$$

$$= \lim_{\substack{h \to 1 \\ h>1}} \int_0^h \sum_{n=0}^{\infty} \frac{(2n-1)!!}{(2n)!!} \frac{x^{2n+1}}{2n+1} \frac{1}{\sqrt{1-x^2}}\,dx$$

$$\stackrel{(*)}{=} \sum_{n=0}^{\infty} \frac{(2n-1)!!}{(2n)!!} \frac{1}{2n+1} \lim_{\substack{h \to 1 \\ h>1}} \int_0^h \frac{x^{2n+1}}{\sqrt{1-x^2}}\,dx$$

$$= \sum_{n=0}^{\infty} \frac{(2n-1)!!}{(2n)!!} \frac{1}{2n+1} \frac{(2n)!!}{(2n+1)!!}$$

$$= \sum_{n=0}^{\infty} \frac{1}{(2n+1)^2}$$

と計算されます．しかし，(*)のところで$\lim_{\substack{h \to 1 \\ h>1}} \int_0^h$ と $\sum_{n=0}^{\infty}$ の順序が交換されていることに注意してください．一般に，このような無限和Σと$\lim$，ΣとΣ，$\lim$ と $\lim$ の順序を交換することは無条件には許されません．鉄かぶとを被ることと，棒で殴ることとは，順序を交換すると結果は違うのです．

幸い今の場合，次の定理が成り立ちます：

'$f_n(x)$を閉区間$[a,b]$で連続な関数，$f_n(x) \geq 0$，$\sum_{n=0}^{\infty} f_n(x)$は一様に収束する

とする．また，$g(x)$は開区間(a, b)において連続，$g(x) \geq 0$でかつそこで広義の積分可能，すなわち

$$\lim_{\substack{h \to b \\ k \to a}} \int_k^h g(x)\, dx = \int_a^b g(x)\, dx$$

は存在する，とする．そのとき，$f_n(x)g(x)$，$\sum_{n=0}^{\infty} f_n(x)g(x)$ も広義の積分可能で

$$\int_a^b \sum_{n=0}^{\infty} f_n(x) g(x)\, dx = \sum_{n=0}^{\infty} \int_a^b f_n(x) g(x)\, dx$$

が成り立つ．'

この定理で，$[a, b] = [0, 1]$，$f_n(x) = \dfrac{(2n-1)!!}{(2n)!!} \cdot \dfrac{x^{2n+1}}{2n+1}$ ととって "順序交換" したものが(*)ですが，その保証が(7)の一様収束性です．

一様収束について詳しく述べるのは割愛し，読者の勉強に期待します．

なお，上記計算中に，

$$\int_0^1 \frac{x^n}{\sqrt{1-x^2}}\, dx = \begin{cases} \dfrac{(n-1)!!}{n!!} \dfrac{\pi}{2} & n : 偶数 \\ \dfrac{(n-1)!!}{n!!} & n : 奇数 \end{cases}$$

を用いました．

3．

前項の計算の主役を演じた $\arcsin x$ は逆正弦関数です．すなわち，

$$y = \arcsin x, \quad -\frac{1}{2}\pi \leq y \leq \frac{1}{2}\pi, \quad -1 \leq x \leq 1$$

$$\Leftrightarrow x = \sin y, \quad -\frac{1}{2}\pi \leq y \leq \frac{1}{2}\pi, \quad -1 \leq x \leq 1$$

で

$$\arcsin x = \int_0^x \frac{dt}{\sqrt{1-t^2}}$$

が知られています．すなわち，

$$y = \int_0^x \frac{dt}{\sqrt{1-t^2}}$$

とおけば

$$x = \sin y$$

です．ここで積分の上端 x が，積分の"値"である y の（"逆"ではなく自然な）関数であることに注意してください．そこで t^2 でなく，t^3 を用いて

$$y = \int_0^x \frac{dt}{\sqrt{1-t^3}}, \quad x = \varphi(y)$$

を考えることができます．これは，楕円関数と呼ばれるものの一つです．

これを用いて，前項と同様の計算を実行し，あわよくば $\zeta(2)$ でなく他の $\zeta(n)$ の値を求めよう，と考えるのは人情ですが，この路線はうまくいかないようです．とすれば（少なくともこの方向の拡張をねらう限り）前項の考察は $\zeta(2)$ に特有のものでしょう．したがって一般的に $\zeta(n)$ を計算する方法が知りたい，というのも人情です．

4．

第 8 回（ベルヌーイ数は欲張り）でベルヌーイ数 B_n およびベルヌーイ多項式 $B_n(x)$ を考えました：それらは

$$\frac{t}{e^t - 1} = \sum_{n=0}^\infty \frac{B_n t^n}{n!}, \quad \frac{t e^{xt}}{e^t - 1} = \sum_{n=0}^\infty \frac{B_n(x) t^n}{n!}$$

により定義されます．簡便計算法は次のとおりです：

(10) $B_0 = 1$, $n \geq 2$ ならば $(1+B)^n = B^n$,
(11) $B_0(x) = 1$, $n \geq 1$ ならば $B_n(x) = (B+x)^n$,

ただし，(10)，(11)ではおのおの二項展開し，B^k をベルヌーイ数 B_k に書き換えます．

たとえば，

$$B_2 = \frac{1}{6}, \quad B_4 = -\frac{1}{30}, \quad B_6 = \frac{1}{42}, \quad B_8 = -\frac{1}{30}, \quad B_{10} = \frac{5}{66}, \quad B_{12} = -\frac{691}{2730}.$$

第 8 回では $S_k(m) = 1^k + 2^k + \cdots + m^k$ をベルヌーイ数，ベルヌーイ多項式で表し

ましたが，その方法は

$$\frac{t(e^{mt}-1)}{e^t-1}$$

を，一方では $B_n(m)$, B_n を用い，他方では $S_k(m)$ を用いた t のべき級数による展開を求め，t^k の係数を比較する，というものでした．

さて，目標は

(12) $$\zeta(2k) = \frac{(2\pi)^{2k}(-1)^{k+1}}{2(2k)!} B_{2k}, \ (k \geq 1)$$

を導くことです．上述の $S_k(m)$ のときのアイデアをまねるならば，一方では B_n が，他方では $\zeta(n)$ が t に関するべき級数展開に現れるような t の関数を見つけなければなりません．ところで，B_n がべき級数展開に現れる関数は，その定義関数

(13) $$\frac{t}{e^t-1}$$

です．したがって目標は，この t の関数の，$\zeta(n)$ が現れるような展開式を見出すことになります．幸い，そのような展開式は知られています：たとえば，高木貞治：解析概論，第五章に述べられている $\cot z$ の部分分数展開がそれです．それを今の場合に適するように書き直すと

(14) $$\frac{1}{e^t-1}$$
$$= -\frac{1}{2} + \frac{1}{t} + \sum_{n=1}^{\infty}\left(\frac{1}{t+2\pi in} + \frac{1}{t-2\pi in}\right)$$

となります．この右辺は絶対収束します：括弧のなかはまとめて，$\frac{1}{n^2}$ の大きさです．また，項別微分可能です．ここで括弧を外して n の項と $-n$ の項をばらばらにして

$$\sum_{n=1}^{\infty}\frac{1}{t+2\pi in} + \sum_{n=1}^{\infty}\frac{1}{t-2\pi in}$$

としてはいけません．両方の無限和とも収束しません．

(14)の右辺を t で $k-1$ 回微分し $t=0$ とおけば，$\sum_{n=1}^{\infty}\dfrac{1}{n^k}$ が姿を現します．

一回微分しただけで，部分分数の分母には n^2 が現れますから，$(k-1)$ 回 $(k\geq 2)$ 微分したものでは，無限和を n，$-n$ についての二つの無限和にばらばらにしてもかまいません．

5. これで，(12)を証明する準備が整いました．(13)を媒介にして，ベルヌーイ数 B_n を定義するべき級数と(14)を結び付ける((14)の両辺に t をかけると，左辺は(13)になります) と

$$\sum_{n=0}^{\infty}\frac{B_n t^n}{n!} = -\frac{t}{2} + 1 + t\sum_{n=1}^{\infty}\left(\frac{1}{t+2\pi i n} + \frac{1}{t-2\pi i n}\right)$$

が得られます．この両辺から 1 をひいて，両辺を t で割れば

$$\sum_{n=1}^{\infty}\frac{B_n t^{n-1}}{n!} = -\frac{1}{2} + \sum_{n=1}^{\infty}\left(\frac{1}{t+2\pi i n} + \frac{1}{t-2\pi i n}\right),$$

さらに左辺で $n=1$ の項は $B_1 = -\dfrac{1}{2}$ ですから，両辺から $-\dfrac{1}{2}$ をひけば

(15) $$\sum_{n=2}^{\infty}\frac{B_n t^{n-1}}{n!} = \sum_{n=1}^{\infty}\left(\frac{1}{t+2\pi i n} + \frac{1}{t-2\pi i n}\right)$$

になります．(14)を得るためにはこの両辺を何回か t について微分し，$t=0$ とおけばよいのです．

例えば，一度微分すると

$$\sum_{n=2}^{\infty}\frac{(n-1)B_n t^{n-2}}{n!}$$
$$= \sum_{n=1}^{\infty}\left(\frac{-1}{(t+2\pi i n)^2} + \frac{-1}{(t-2\pi i n)^2}\right)$$
$$= -\sum_{n=-\infty}^{\infty}{}'\frac{1}{(t+2\pi i n)^2}$$

(Σ' は $n=0$ を除く意味です．)

ですが，$t=0$ とおくと，左辺では定数項だけが残りますから

$$\frac{B_2}{2!} = -\frac{1}{(2\pi i)^2} \sum_{n=-\infty}^{\infty}{}' \frac{1}{n^2} = \frac{1}{4\pi^2} 2\zeta(2)$$

で，$B_2 = \frac{1}{6}$ を用いれば

$$\zeta(2) = \frac{\pi^2}{6}$$

が得られます．

さて，(15)を $k-1$ 回微分すると

$$\left(\frac{1}{t}\right)' = (-1)\frac{1}{t^2}, \quad \left(\frac{1}{t}\right)'' = (-1)^2 \cdot 2 \cdot \frac{1}{t^3},$$

$$\left(\frac{1}{t}\right)''' = (-1)^3 \cdot 3! \cdot \frac{1}{t^4}, \cdots,$$

$$\left(\frac{1}{t}\right)^{(k-1)} = (-1)^{(k-1)} (k-1)! \cdot \frac{1}{t^k}$$

ですから，

$$\sum_{n=k}^{\infty} \frac{(n-1)(n-2)\cdots(n-k+1) B_n t^{n-k}}{n!}$$

$$= (-1)^{k-1}(k-1)! \sum_{n=-\infty}^{\infty}{}' \frac{1}{(t-2\pi i n)^k}.$$

ここで，$t=0$ とおけば，左辺では $n=k$ の項のみが残り

(16) $$\frac{B_k}{k} = \frac{(-1)^{k-1}(k-1)!}{(-2\pi i)^k} \sum_{n=-\infty}^{\infty}{}' \frac{1}{n^k}$$

が得られます．ところで，k が奇数ならば，$B_k = 0$ です．そして右辺では

$$\sum_{n=-\infty}^{\infty}{}' \frac{1}{n^k} = \sum_{n=1}^{\infty} \frac{1}{n^k} + (-1)^k \sum_{n=1}^{\infty} \frac{1}{n^k} = 0.$$

結局，奇数 k にたいしては，(16)は $0=0$ という自明な式しか与えません．

k が偶数のとき，k を改めて $=2k$ と書けば，(16)は

$$\frac{B_{2k}}{2k} = \frac{(-1)^{2k-1} \cdot (2k-1)!}{(2\pi)^{2k}(i)^{2k}} 2\zeta(2k)$$

であり，これを書き換えて，目標の(12)が得られます．

ここで $k=2$ とおけば，$B_4 = \frac{-1}{30}$ ですから

$$\zeta(4) = \frac{-2^4 \cdot \pi^4}{2 \cdot 4!} B_4 = \frac{\pi^4}{90}$$

です．同様に，

$$\zeta(6) = \frac{\pi^6}{945}, \ \zeta(8) = \frac{\pi^8}{8400},$$

$$\zeta(10) = \frac{\pi^{10}}{93555}, \ \zeta(12) = -\frac{691\pi^{12}}{638512875}$$

と計算されますが，$\zeta(12)$ になって急に分子に比較的大きな素数が現れていることが目立ちます．

(12)は s の正の偶数値にたいする $\zeta(s)$ の値について述べています．$\zeta(s)$ はその定義では $R(s)>1$ である s にたいしてしか考えられません．しかし，以前にも述べたように全 s 平面に定義域を広げることができます（$s=1$ を除いて）．そうすれば s の負の整数値に対してはどんな値を取るか，が問題になります．それは，いずれお話しすることになる "$\zeta(s)$ の関数等式" より求められます：

$$\zeta(0) = -\frac{1}{2}, \ \zeta(1-m) = -\frac{B_m}{m}, \ (m>1).$$

負の奇数値に対しても求められることに注意してください．

(12)はまた，
"整数 $k \geq 1$ にたいして，$\zeta(2k)$ は $\pi^{2k} \times$ （有理数）である"
ことを示しています．π^{2k} は超越数（整数係数のどんな多項式の 0 点にもならない数）であり，$\zeta(2k)$ の超越性が π^{2k} であるわけです．一般に，ゼータ関数に限らず，特殊関数の，変数の整数値にたいする値はなにか，という問題は，極めて面白いものの一つであり，現在盛んに研究されています．

ベルヌーイ数は，**4.** にも挙げたように値の正負が交代するようにみえます

が，実際そうであることは(12)からわかります：すなわち，定義から明らかに $\zeta(2k)>0$ ですから

(16)　　"k が偶数ならば $B_{2k}<0$,
　　　　　k が奇数ならば $B_{2k}>0$"

が成り立ちます．これくらいのこと，(12)を用いるのはおおげさであり，もっと早くわかってもよさそうですが，いまのところ簡単な証明はないようです．

　　"リーマン・ゼータを経由せずに，すなわち，(12)を用いずに
　　(16)を証明せよ"

というのも一つの問題です．

　ベルヌーイ数の記号は，一定していないようで人により違います．したがって，数学書を読むとき，記号の意味を確認することが大切です．たとえば，高木貞治：解析概論では我々のベルヌーイ数 B_n を b_n で表しています．そして b_1 以外，$b_{2k+1}=0$ ですから，新しく B_n を

$$b_{2n} = (-1)^{n-1} B_n$$

により定義し，この B_n をベルヌーイ数と呼んでいます．こうすれば，(16)よりつねに $B_n>0$ です．ただしこのときもベルヌーイ多項式の記号は我々と同じ $B_n(x)$ を用います：$B_n(x)=(b+x)^n$．また，文字 b あるいは B のかわりに，文字 β を使う数学者もいます．

　次回およびその次では，上に挙げた L-関数の値についてお話しします．上では $\cot z$ の部分分数展開に相当する公式の証明をスキップしました．L-関数の値を考えるときも，それに類似の公式が必要です．そのときに，それらをまとめて証明することにします．

18. L-関数の値

1. 前回に続き,今回および次回にわたりゼータ関数の仲間である(特別な)L-関数

$$L(s, \chi) = \sum_{n=1}^{\infty} \frac{\chi(n)}{n^s}, \quad R(s) > 1$$

の値についてお話しします.ここで,χ としては,結局は平方剰余記号 $\mathrm{mod}.p$(p は素数)を考えるのですが,やや一般に"指標"を定義しておきます.

p を与えられた素数とするとき,次の性質をもつ $\mathbf{Z}$(有理整数全体)上定義された複素数値関数 χ を $\mathrm{mod}.p$ の(ディリクレ)指標といいます:

(1) $a, b \in \mathbf{Z}$ にたいし, $\chi(ab) = \chi(a)\chi(b)$,
(2) $(a, p) \neq 1$ ならば, $\chi(a) = 0$.
(3) $a \equiv b (\mathrm{mod}.p)$ ならば, $\chi(a) = \chi(b)$,
(4) $\chi(1) = 1$.

平方剰余記号 $\mathrm{mod}.p$ は,"$(a, p) \neq 1$ ならば,$\left(\dfrac{a}{p}\right) = 0$"を付け加えれば(以下そうします),たしかに $\mathrm{mod}.p$ の指標になっています.(ディリクレ指標はもっと一般に定義されますが,簡単のために素数を mod とするものだけを考えます.)

$(a, p) = 1$ であるすべての a にたいして $\chi_0(a) = 1$ とおけば,χ_0 は $\mathrm{mod}.p$ の指標です.χ_0 は $\mathrm{mod}.p$ の主指標とよばれます.

χ_1, χ_2 を二つの $\mathrm{mod}.p$ の指標とするとき,$\chi_1 \cdot \chi_2$ を

$$\chi_1 \cdot \chi_2(a) = \chi_1(a) \chi_2(a)$$

により定義すれば，それはまた mod. p の指標で，χ_1 と χ_2 の積とよばれます．χ を mod. p の指標とするとき，$\bar{\chi}$ を $\bar{\chi}(a) = \overline{\chi(a)}$（$\chi(a)$ の複素共役）により定義します．そのとき，$\bar{\chi}$ も mod. p の指標です．それを χ の共役指標といいます．

χ を mod. p の指標とします．$(a, p) = 1$ ならば

$$a^{p-1} \equiv 1 \,(\mathrm{mod}.\, p)$$

が成り立ちます（フェルマの定理）から，(3), (4)により

$$\chi(a^{p-1}) = \chi(1) = 1$$

です．一方，(1)より

$$\chi(a^{p-1}) = \chi(a)^{p-1}$$

が得られます．したがって $\chi(a)^{p-1} = 1$，すなわち $\chi(a)$ は 1 の $p-1$ 乗根です．

一般に，1 の n 乗根とその複素共役との積は 1 ですから，$(a, p) = 1$ にたいし

$$\chi \cdot \bar{\chi}(a) = \chi(a) \bar{\chi}(a) = \chi(a) \overline{\chi(a)} = 1 = \chi_0(a).$$

もちろん，$(a, p) \neq 1$ ならば

$$\chi \cdot \bar{\chi}(a) = 0 = \chi_0(a)$$

ですから，

(5) すべての a にたいして $\bar{\chi} \cdot \chi(a) = \chi_0(a)$，すなわち，$\bar{\chi} \cdot \chi = \chi_0$ がわかりました．

（写像として）異なる mod. p の指標は $p-1$ 個あります．（g を，$p-1$ 乗してはじめて $\equiv 1 \,(\mathrm{mod}.\, p)$ となる整数とするとき，g に 1 の $p-1$ 乗根を対応させるごとに mod. p の指標が生じ，またそれで尽きます．）以下，mod. p は省略し，指標とのみいうことにします．

$\chi(-1)^2 = \chi((-1)^2) = \chi(1) = 1$ ですから，$\chi(-1) = +1$ または $= -1$ です．そこで $\chi(-1) = +1, -1$ にしたがい，χ を偶指標，奇指標といいます．

例 平方剰余の相互法則の第一補充法則

$$\left(\frac{-1}{p}\right) = (-1)^{\frac{1}{2}(p-1)}$$

により,$\left(\dfrac{-}{p}\right)$は $p \equiv 1, 3 \pmod{4}$ にしたがい,偶,奇指標です.

次の(6),(7)は,ともに指標の直交関係とよばれます:

(6) $\displaystyle\sum_{h \bmod p} \chi(h) = \begin{cases} p-1, & \chi = \chi_0 \text{のとき,} \\ 0, & \chi \neq \chi_0 \text{のとき.} \end{cases}$

ここで和は $\bmod p$ の完全系($\bmod p$ の各剰余類から 1 つずつ数をとって並べたもの),例えば $\{0, 1, \cdots, p-1\}$,を走ることを意味します.

(7) $\displaystyle\sum_{\chi} \chi(h) = \begin{cases} p-1, & h \equiv 1 \pmod{p} \text{のとき} \\ 0, & h \not\equiv 1 \pmod{p} \text{のとき} \end{cases}$

ここで和は,すべての指標 χ にわたるものです.

(6)の証明.$\chi = \chi_0$ ならば,$\chi(0) = 0$,$h = 1, 2, \cdots, p-1$ にたいし $\chi(h) = 1$ ですから,和の値は $p-1$ です.

$\chi \neq \chi_0$ とすると,$\chi(n) \neq 1$ である n,$(n, p) = 1$,が存在します.そのとき,h とともに nh も $\bmod p$ の完全代表系を動きますから

$$\chi(n) \sum_{h \bmod p} \chi(h) = \sum_{h \bmod p} \chi(n)\chi(h) = \sum_{h \bmod p} \chi(nh)$$
$$\stackrel{(*)}{=} \sum_{nh \bmod p} \chi(nh) \stackrel{(\#)}{=} \sum_{h \bmod p} \chi(h)$$

となります.ゆえに,左辺から最右辺をひいて

$$(\chi(n) - 1) \sum_{h \bmod p} \chi(h) = 0$$

が得られますが,$\chi(n) - 1 \neq 0$ ととりましたから $\displaystyle\sum_{h \bmod p} \chi(h) = 0$ です.

ここで,$(*)$ のところに,上述の"h とともに nh も $\bmod p$ の完全剰余系を動く"を用い,$(\#)$ のところでは nh を h と書き換えました.この式変形の妙味を十分に味わってください.

(7)も同じように証明することができますから,それは割愛し,読者にゆだ

ねることとします.

2.

χ を mod. p の指標とし

$$T_n(\chi) = \sum_{h \bmod p} \chi(h) e^{2\pi i nh/p}, \quad T_1(\chi) = T(\chi)$$

と定義します. それで well defined であること, すなわち $h \bmod p$ のとり方によらず $T_n(\chi)$ の右辺の値が定まることは,

$$\chi(h+p) e^{2\pi i n(h+p)/p} = \chi(h) e^{2\pi i nh/p}$$

から分かります. $T(\chi)$ はガウスの和とよばれる重要な数論的対象です.

このとき, 大切な関係式

(8)　　任意の n にたいして $\overline{\chi}(n) T(\chi) = T_n(\chi)$

が成り立ちます.

証明. まず, $(n, p) = 1$ とします. そのとき,

$$\chi(n) \sum_{h \bmod p} \chi(h) e^{2\pi i nh/p} \overset{(*)}{=} \sum_{h \bmod p} \chi(nh) e^{2\pi i nh/p}$$

$$\overset{(*)}{=} \sum_{nh \bmod p} \chi(nh) e^{2\pi i nh/p} \overset{(\#)}{=} \sum_{h \bmod p} \chi(h) e^{2\pi i h/p} = T(\chi)$$

で, 左辺および最右辺に $\overline{\chi}(n)$ をかければ, (5)により(8)が得られます. ここで, ふたたび (*) のところに, 上述の "h とともに nh も mod. p の完全剰余系を動く" を用い, (#) のところでは nh を h と書き換えました.

つぎに, $(n, p) \neq 1$ とします. このとき, n は p の倍数です. $n = pk$ とおきましょう. $\overline{\chi}(n) = 0$ ですから(8)の右辺が 0, すなわち $T_n(\chi) = 0$ をいえばよいのですが, (6)により

$$T_n(\chi) = \sum_{h \bmod p} \chi(h) e^{2\pi i nh/p} = \sum_{h \bmod p} \chi(h) e^{2\pi i pkh/p}$$
$$= \sum_{h \bmod p} \chi(h) e^{2\pi i kh} = \sum_{h \bmod p} \chi(h) = 0$$

です. これで(8)が完全に証明されました.

例. $\chi(n) = \left(\dfrac{n}{3}\right)$ にたいして，$\chi(1) = 1, \chi(2) = \chi(-1) = -1$ ですから

$$T(\chi) = e^{2\pi i/3} - e^{4\pi i/3}$$
$$= \dfrac{-1+\sqrt{3}i}{2} - \left(\dfrac{-1+\sqrt{3}i}{2}\right)^2$$
$$= \sqrt{3}i.$$

この χ は奇指標です．

例. $\chi(n) = \left(\dfrac{n}{5}\right)$ にたいして，$\chi(1) = 1$，

$\chi(2) = \left(\dfrac{2}{5}\right) = (-1)^{(5^2-1)/8} = -1$，

$\chi(3) = \left(\dfrac{3}{5}\right) = (-1)^{\frac{1}{2}(3-1)\cdot\frac{1}{2}(5-1)}\left(\dfrac{5}{3}\right) = \left(\dfrac{2}{3}\right) = -1,$

$\chi(4) = \chi(-1) = 1$

ですから，$\rho = e^{2\pi i/5}$ とおけば

$$T(\chi) = \rho - \rho^2 - \rho^3 + \rho^4 = \rho + \overline{\rho} - (\rho^2 + \overline{\rho}^2) = \sqrt{5}.$$

（ここで $\rho + \overline{\rho} = 2\cos\dfrac{2\pi}{5}$, $\cos\dfrac{2\pi}{5} = \dfrac{\sqrt{5}-1}{4}$ です．このことは，第 12 図の正五角形の図で $\triangle ABE_1$ と $\triangle BE_1D_1$ が相似であることからわかります．）

この χ は偶指標です．また χ の値の計算には，平方剰余の相互法則が用いられています．

例. 奇数 n にたいして $\chi(n) = (-1)^{(n^2-1)/8}$，偶数 n にたいして $\chi(n) = 0$ と定義します．この χ は，実は mod.8 の指標であり，いままで考えて来た範囲を逸脱しています．（指標の定義の(2), (3)で p を 8 で置き換えて得られます．）しかしこの χ についても以下の考察において重要な性質(8)が成りたつことがわかりますので仲間に入れておきます．（この仲間，すなわち素数とは限らない m に対する mod m の指標で，(8)が成り立つことになるものたち，はまとめ

て，原始指標とよばれています．しかし，原始性の説明はやや込み入りますので素数を mod とする指標のみを考えそれを避けました．初等整数論から中等整数論にかけてのこのあたり，数論いや数学において最もおもしろい，わくわくするところです．文献としては，そのためだけでなく，永遠の名著，高木貞治：初等整数論講義，をごらんください．また，Siegel : Analytische Zahlentheorie, I, II, 1963／1964, Göttingen（講義録）を"両手を上げて"おすすめしたいのですが，何分にもドイツ語です．）

さて，$\chi(1) = \chi(7) = \chi(-1) = 1$, $\chi(3) = \chi(5) = -1$ですから，$\rho = e^{2\pi i/8}$とおけば少しばかりの計算で

$$T(\chi) = \rho - \rho^3 - \rho^5 + \rho^7 = 2\sqrt{2}$$

が得られます．

いま考えている指標にたいして，$T(\chi)$の値は一般的に計算されています：

$$T(\chi) = \begin{cases} \sqrt{p} & \chi : 偶指標 \\ i\sqrt{p} & \chi : 奇指標 \end{cases}$$

しかしこの計算は難しいのです．$T(\chi)^2 = \chi(-1)p$，したがって

$$T(\chi) = \pm\sqrt{\chi(-1)p},$$

は比較的簡単に得られるのですが，この符号を定めるのが難しく，"さすがのガウスが数年苦心の後ようやく解決することを得た"といわれています．（高木，前掲書，p.392）

3.

以下，指標というときは，奇素数 p にたいする mod. p の指標，および前節の例で扱った mod. 8 の指標を意味するとします．指標 χ に付随する L-級数

$$L(s, \chi) = \sum_{n=1}^{\infty} \frac{\chi(n)}{n^s}, \quad R(s) > 1$$

にたいして，χ の完全乗法性(1)により，やはりオイラー積展開

(9)
$$L(s, \chi) = \prod_q \frac{1}{1 - \frac{\chi(q)}{q^s}}$$

が成り立ちます．ここで積はすべての素数 q にわたります．

さて，p を与えられた素数とし，$\chi = \chi_0$（mod. p の主指標）とすれば，$\chi_0(p) = 0$，$q \neq p$ ならば $\chi_0(q) = 1$ ですから(9)の右辺で $q = p$ にたいする因子は 1 になります．χ_0 が mod. 8 の主指標，すなわち偶数 n にたいして $\chi_0(n) = 0$，奇数 n にたいして $\chi_0(n) = 1$，ならば $p = 8$（$= 2$ とするより都合がよろしい）と考えればよいのです．そうすれば，いずれの場合にも

$$L(s, \chi_0) = \prod_{q \neq p} \frac{1}{1 - \frac{1}{q^s}}$$

です．（積は p を除くすべての素数 q にわたります．）これと，リーマン・ゼータ関数 $\zeta(s)$ のオイラー積を比べれば

$$\zeta(s) = \frac{1}{1 - \frac{1}{p^s}} \cdot \prod_{q \neq p} \frac{1}{1 - \frac{1}{q^s}} = \frac{1}{1 - \frac{1}{p^s}} L(s, \chi_0)$$

がわかります．すなわち，$L(s, \chi_0)$ は本質的に $\zeta(s)$ に等しいわけで，したがって $s = 1$ において極をもちます．それに反し，（s を実数変数とします）

(10) $\chi \neq \chi_0$ ならば，$L(s, \chi)$ は $s > 0$ において収束する

ことが証明されます．

したがって，主指標でない χ にたいしては $L(1, \chi)$ が存在し

$$L(1, \chi) = \sum_{n=1}^{\infty} \frac{\chi(n)}{n}$$

です．

4. $L(1, \chi), \chi \neq \chi_0$，を計算しましょう．その準備として，複素数の対数について簡単に触れておきます．ここでは複素数の偏角の役割が大切です．複素数 z を

とするとき
$$\log z = \log|z| + i\theta, \quad -\pi < \theta \leq \pi$$
が対数（主値）の定義です．これにたいし，次の級数表示があります：
$$-\log(1-z) = \frac{z}{1} + \frac{z^2}{2} + \frac{z^3}{3} + \cdots + \frac{z^n}{n} + \cdots$$
$$= \sum_{n=1}^{\infty} \frac{z^n}{n}, \quad |z| < 1.$$

$\rho = e^{2\pi i/p}$，p：奇素数または 8，$0 < h < p$，について
$$1 - \rho^{-h} = 1 - e^{-2\pi i h/p} = e^{-\pi i h/p}(e^{\pi i h/p} - e^{-\pi i h/p})$$
$$= 2i \sin\frac{\pi h}{p} e^{-\pi i h/p} = 2 e^{\pi i/2} \sin\frac{\pi h}{p} e^{-\pi i h/p}$$
$$= 2 \sin\frac{\pi h}{p} e^{(\pi/2 - \pi h/p)i}$$

で，$0 < h < p$ のとき
$$-\frac{\pi}{2} < \frac{\pi}{2} - \frac{\pi h}{p} < \frac{\pi}{2}$$

ですから，定義より

(11) $$\log(1-\rho^{-h}) = \log|1-\rho^{-h}| + i\pi\left(\frac{1}{2} - \frac{h}{p}\right), \quad 0 < h < p$$

が得られます．$\overline{1-\rho^{-h}} = 1 - \rho^h$ に注意すれば，同様にして

(12) $$\log(1-\rho^h) = \log|1-\rho^h| - i\pi\left(\frac{1}{2} - \frac{h}{p}\right), \quad 0 < h < p$$

であることがわかります．

さて，結果は次のとおりです：
(13) χ が偶指標ならば

$$L(1,\chi) = -\frac{1}{T(\overline{\chi})} \sum_{0<h<p} \overline{\chi}(h) \log\left|1 - e^{-2\pi i h/p}\right|,$$

(14) χ が奇指標ならば

$$L(1,\chi) = -\frac{\pi i}{pT(\overline{\chi})} \sum_{0<h<p} \overline{\chi}(h) h.$$

証明. $\rho = e^{2\pi i/p}$ とおくと (8) より $\chi(n)T(\overline{\chi}) = T_n(\overline{\chi}) = \sum_{h=0}^{p-1} \overline{\chi}(h)\rho^{nh}$ ですから, 対数の級数表示を用いて ($|\rho|<1$)

(15)
$$T(\overline{\chi})L(1,\chi) = T(\overline{\chi})\sum_{n=1}^{\infty} \frac{\chi(n)}{n}$$
$$= \sum_{h=0}^{p-1} \overline{\chi}(h) \sum_{n=1}^{\infty} \frac{\rho^{nh}}{n}$$
$$= -\sum_{h=0}^{p-1} \overline{\chi}(h) \log(1-\rho^h),$$

(16)
$$T(\overline{\chi})L(1,\chi) = -\sum_{h=0}^{p-1} \overline{\chi}(-h)\log(1-\rho^{-h})$$
$$= -\overline{\chi}(-1)\sum_{h=0}^{p-1} \overline{\chi}(h)\log(1-\rho^{-h}).$$

χ が偶指標ならば $\overline{\chi}(-1) = 1$ ですから (15), (16) を加えるとき, (11), (12) を用いて

$$2T(\overline{\chi})L(1,\chi) = -\sum_{h=0}^{p-1} \overline{\chi}(h)(\log(1-\rho^h) + \log(1-\rho^{-h}))$$
$$= -\sum_{h=0}^{p-1} \overline{\chi}(h)(\log\left|1-\rho^h\right| + \log\left|1-\rho^{-h}\right|)$$
$$= -2\sum_{h=0}^{p-1} \overline{\chi}(h) \log\left|1-\rho^h\right|.$$

これより, (13) が得られます.

χ が奇指標ならば $\overline{\chi}(-1) = -1$ ですから, (15), (16) を加えるとき, (11), (12)

を用いて

$$2T(\bar{\chi})L(1,\chi) = -\sum_{h=0}^{p-1}\bar{\chi}(h)\bigl(\log(1-\rho^h)-\log(1-\rho^{-h})\bigr)$$

$$= -\sum_{h=0}^{p-1}\bar{\chi}(h)\left[\log\left|1-\rho^h\right|-i\pi\left(\frac{1}{2}-\frac{h}{p}\right)-\log\left|1-\rho^h\right|-i\pi\left(\frac{1}{2}-\frac{h}{p}\right)\right]$$

$$= 2\pi i\sum_{h=0}^{p-1}\bar{\chi}(h)\left(\frac{1}{2}-\frac{h}{p}\right) \stackrel{(*)}{=} -\frac{2\pi i}{p}\sum_{h=0}^{p-1}\bar{\chi}(h)h.$$

(*)のところで，指標の直交性(6)を用いました．これより(14)が得られます．（いまわれわれがいくつかの例で考えている）χ の値は ± 1，または 0，すなわち実数です．したがって $\chi = \bar{\chi}$ であり，また $L(1,\chi)$ も実数です．そのとき，(13)から χ が偶指標ならば $T(\chi)$ は実数，(14)から χ が奇指標ならば $T(\chi)$ は純虚数であることがわかります．

また，$\chi \neq \chi_0$ にたいして $L(1,\chi) \neq 0$ が証明されます．しかしその証明は上で得た結果からではなく全然別の方法によります．そして $L(1,\chi) \neq 0$ は，ディリクレの素数定理（初項と公差が互いに素である等差数列中には無限に多くの素数が存在する）の証明のキーポイントです．

例． $\chi(n) = \left(\dfrac{n}{3}\right)$ に対して $\chi(1)=1$, $\chi(2)=-1$ で，それは奇指標，$T(\chi)=\sqrt{3}\,i$ でした．(14)により

$$L(1,\chi) = -\frac{\pi i}{3\sqrt{3}\,i}(\chi(1)\cdot 1 - \chi(2)\cdot 2) = \frac{\pi}{\sqrt{3}}.$$

例． $\chi(n) = \left(\dfrac{n}{5}\right)$ にたいして $\chi(1)=\chi(4)=1$, $\chi(2)=\chi(3)=-1$ で偶指標，$T(\chi)=\rho+\bar{\rho}-(\rho^2+\bar{\rho}^2)=\sqrt{5}$, $\rho=e^{2\pi i/5}$, でした．(13)より計算して．

$$L(1,\chi) = -\frac{1}{\sqrt{5}}\log\frac{|(1-\rho)(1-\bar{\rho})|}{|(1-\rho^2)(1-\bar{\rho}^2)|}$$

$$= -\frac{1}{\sqrt{5}}\log\frac{3-\sqrt{5}}{2}$$

が得られます．ここで log の中は実 2 次体 $Q(\sqrt{5})$ の単数です．

例． 奇数 n に対して $\chi(n) = (-1)^{(n^2-1)/8}$，偶数 n に対して $\chi(n) = 0$ の場合，$\chi(1) = \chi(7) = 1$，$\chi(3) = \chi(5) = -1$ で χ は偶指標，$T(\chi) = 2\sqrt{2}$ でした．(13) より，$\rho = e^{2\pi i/8} = \dfrac{1+i}{\sqrt{2}}$ とおいて少し計算すれば

$$L(1, \chi) = -\frac{1}{2\sqrt{2}} \log \frac{|(1-\rho)(1-\bar{\rho})|}{|(1-\rho^3)(1-\bar{\rho}^3)|} = -\frac{1}{2\sqrt{2}} \log(3 - 2\sqrt{2})$$

が得られます．ここで $3 - 2\sqrt{2}$ は $Q(\sqrt{2})$ の単数です．

5. 級数の収束を論ずるとき，アーベルの級数変形法という重要なテクニックがあります．(10) の証明はその典型的な応用で，アーベルの変形をしてコーシーの収束判定法に結び付けるのです．χ を mod. p の指標とします．

$$t(n) = \sum_{k=1}^{n} \chi(k)$$

とおけば，指標の直交性により，p 個ずつの和は 0 ですから，任意の n にたいして $|t(n)| < C$ であるような定数 $C > 0$ が存在します．そのとき，$s \geq \delta > 0$ ならば

$$\left| \sum_{k=m}^{n} \frac{\chi(k)}{k^s} \right| = \left| \sum_{k=m}^{n} \frac{t(k) - t(k-1)}{k^s} \right|$$

$$\leq \left| \frac{t(n)}{n^s} \right| + \left| \frac{t(m-1)}{m^s} \right| + \sum_{k=m}^{n-1} |t(k)| \left(\frac{1}{k^s} - \frac{1}{(k+1)^s} \right)$$

$$< \frac{C}{n^s} + \frac{C}{m^s} + C \sum_{k=m}^{n-1} \left(\frac{1}{k^s} - \frac{1}{(k+1)^s} \right)$$

$$= \frac{C}{n^s} + \frac{C}{m^s} + C \left(\frac{1}{m^s} - \frac{1}{n^s} \right) = \frac{2C}{m^s} < \frac{2C}{m^\delta}.$$

m を大きくすればこの右辺はいくらでも小さくなります．ゆえに，コーシーの収束判定法により級数 $L(s, \chi), \chi \neq \chi_0$ は収束します．（任意の $\delta > 0$ にたいし，$s \geq \delta > 0$ で一様収束．）

問1 (7)を証明しなさい．

問2 偶数 n にたいして $\chi(n) = 0$，奇数 n にたいして $\chi(n) = (-1)^{(n^2-1)/8}$ と定義すれば，χ は mod. 8 の指標であることを証明しなさい．

問3 $\chi(n) = \left(\dfrac{n}{7}\right)$ について $T(\overline{\chi})L(1, \chi)$ の値を求めなさい．

19. L-関数の値(2)

1. 今回は，L-関数

$$L(s, \chi) = \sum_{n=1}^{\infty} \frac{\chi(n)}{n^s}, \quad R(s) > 1$$

の，正の整数 k にたいする値 $L(k, \chi)$ を求めることを考えます．前回と同様，簡単のため，χ は $\mathrm{mod}\, p$（p は奇素数）のディリクレ指標（$\neq$ 主指標）に限ります．

このときのモデルは，リーマンの $\zeta(s)$ にたいする，$\zeta(2k)$ の計算方法です．
まず，$\zeta(2k)$ は，ベルヌーイ数 B_{2k} をもちいて

$$\zeta(2k) = B_{2k} \pi^{2k} \frac{(-1)^{k-1} \cdot 2^{2k-1}}{(2k)!}$$

と書かれました．そうすれば，結果から言って，L にたいして，何かベルヌーイ数の拡張，"χ のついたベルヌーイ数"，といったものが必要であろう，と想像されます．

次に，$\zeta(2k)$ の計算におけるポイントは，公式

$$(1) \qquad \frac{1}{e^t - 1} = -\frac{1}{2} + \frac{1}{t} + \sum_{n=1}^{\infty} \left(\frac{1}{t + 2\pi i n} + \frac{1}{t - 2\pi i n} \right)$$

でした（前回の(14)）．このあと，左辺をベルヌーイ数の定義式と結び付けて，得られた式の両辺を t について何回か微分し，$t=0$ とおけばよかったのです．実際，j 回微分した式の右辺は

$$(-1)^{j-1}(j-1)! \sum_{n=-\infty}^{\infty}{}' \frac{1}{(t - 2\pi i n)^j}$$

で（ここで，$\tilde{}$は$n=0$を抜く意味です），$t=0$とおけば，偶数のjにたいしてここから

$$\zeta(j) = \sum_{n=1}^{\infty} \frac{1}{n^j}$$

が生じます．Lにたいしては，ここで

$$\sum_{n=1}^{\infty} \frac{\chi(n)}{n^j}$$

が出てほしいのです．ということは，さかのぼって，(1)の右辺の無限和の部分が

(2) $$\sum_{n=1}^{\infty} \left(\frac{\chi(n)}{t+2\pi i n} + \frac{\chi(-n)}{t-2\pi i n} \right)$$

であるものがほしいのです．ところで，前回の(8)によれば

$$\text{任意の}n\text{にたいして}\bar{\chi}(n)T(\chi) = T_n(\chi)$$

です．したがって，$T_n(\chi)$の定義式を用いれば，χのかわりに$\bar{\chi}$を使って

$$\chi(n) = \frac{1}{T(\bar{\chi})} T_n(\bar{\chi}) = \frac{1}{T(\bar{\chi})} \sum_{h \bmod p} \bar{\chi}(h) e^{2\pi i n h / p}$$

となりますから，(2)に代入すれば．

$$\frac{1}{T(\bar{\chi})} \sum_{h \bmod p} \bar{\chi}(h) \sum_{n=1}^{\infty} \left(\frac{e^{2\pi i n h / p}}{t+2\pi i n} + \frac{e^{-2\pi i n h / p}}{t-2\pi i n} \right)$$

が得られます．ここで，$u = h/p$とおけば，無限和の部分は

$$\sum_{n=1}^{\infty} \left(\frac{e^{2\pi i n u}}{t+2\pi i n} + \frac{e^{-2\pi i n u}}{t-2\pi i n} \right)$$

です．結局目標は，これがでてくる(1)のような公式を求めることとなりました．

2． 前節で望まれた公式は，クロネッカーにより得られました：

$0 < u < 1$ ならば，

$$\frac{e^{2\pi i u z}}{e^{2\pi i z} - 1} = \frac{1}{2\pi i z} + \frac{1}{2\pi i}\sum_{n=1}^{\infty}\left(\frac{e^{-2\pi i n u}}{z+n} + \frac{e^{2\pi i n u}}{z-n}\right).$$

ここで，$u = 0$ とおいてはいけません．$u = 0$ とおいてみると，(1)と比較すれば右辺で $-\frac{1}{2}$ の項が足らないことが分かります．そこの t は $t = 2\pi i z$ です．

このクロネッカーの公式で，$t = 2\pi i z$ とおくと，望まれた公式は，$0 < u < 1$ に対して

(3) $$\frac{e^{tu}}{e^{t}-1} = \frac{1}{t} + \sum_{n=1}^{\infty}\left(\frac{e^{-2\pi i n u}}{t+2\pi i n} + \frac{e^{2\pi i n u}}{t-2\pi i n}\right),$$

になります．

さらに，両辺を t 倍すると，左辺はベルヌーイ多項式 $B_k(u)$ の定義関数です．（第8回．参照）

さて，(3)の右辺は u を $u+1$ でおきかえても変わりません．（$e^{2\pi i n} = 1$ ですから $e^{2\pi i n(u+1)} = e^{2\pi i n u} \cdot e^{2\pi i n} = e^{2\pi i n u}$ です．）ところが，左辺は変わることに注意してください．すなわち，(3)はあくまでも $0 < u < 1$ にたいしてだけ成り立つ，微妙な公式です．

今度は，$0 < u < 1$ にたいして，$0 < 1-u < 1$ ですから $1-u$ を(3)に代入すると，右辺は

$$\frac{1}{t} + \sum_{n=1}^{\infty}\left(\frac{e^{-2\pi i n(1-u)}}{t+2\pi i n} + \frac{e^{2\pi i n(1-u)}}{t-2\pi i n}\right)$$
$$= \frac{1}{t} + \sum_{n=1}^{\infty}\left(\frac{e^{2\pi i n u}}{t+2\pi i n} + \frac{e^{-2\pi i n u}}{t-2\pi i n}\right)$$

です（こうすれば，分母と分子における n の符号が合います）．

一方，左辺は

$$\frac{e^{t(1-u)}}{e^{t}-1} = \frac{e^{t}e^{-ut}}{e^{t}-1} = \frac{e^{-ut}}{1-e^{-t}} = -\frac{e^{-ut}}{e^{-t}-1}$$

で結局，t の符号をかえ，-1 を掛けたものになるだけです．（しかし，右辺でもその操作をすれば，もとの(3)にもどります．決して，新しい公式になる訳

ではありません．）

　クロネッカーの公式を証明しましょう．といっても，フーリエ展開についての一定理を仮定します．フーリエ展開は，解析数論にとって重要な手段です．そこに登場する関数について，変数のある変換に関して不変性があれば，（その変換が平行移動となるように変数を適当に取り替えて）フーリエ展開せよ，（それがその不変性を明示する），というのは，解析数論における一つの原理です．

　フーリエ展開の詳論は，ここでは省略します．例えば，高木貞治：解析概論をご覧ください．ただし，そこでは実数形を扱っていますから，cos, sin に関する展開が考えられています．解析数論では，複素形が便利ですから，$e^{ix} = \cos x + i \sin x$ を用いて実数形を複素形に改めつつ解析概論を読むのも，よい勉強だと思います：

　引用する定理は，次のディリクレの公式です：

$$
(4) \quad \lim_{n \to \infty} \sum_{k=-n}^{n} \int_{\rho}^{\rho+1} F(z) e^{2k(v-z)\pi i} dz
$$

$$
= \begin{cases} \dfrac{1}{2} \lim_{\lambda \to 0} ((F(v+\lambda) + F(v-\lambda)), & \rho < v < \rho+1, \\ \dfrac{1}{2} \lim_{\lambda \to 0} (F(\rho+\lambda) + F(\rho+1-\lambda)), & v = \rho \text{ または } \rho+1. \end{cases}
$$

ここで $F(v)$ は $[\rho, \rho+1]$ 上定義された，"ある条件"（例えば，連続関数ならばよろしい）を満たす関数です．

　さて，$\rho = 0$ ととり，$F(v) = e^{2vw\pi i}$ を考えます．w は任意です．この F は，上述の "ある条件" を満たします．

　$0 < v < 1$ とします．そのとき，(4) の左辺の積分は

$$
\int_0^1 F(z) e^{2k(v-z)\pi i} dz = \int_0^1 e^{2zw\pi i} e^{2k(v-z)\pi i} dz
$$
$$
= e^{2kv\pi i} \int_0^1 e^{2(w-k)\pi i z} dz = \frac{e^{2kv\pi i}}{2(w-k)\pi i} \left[e^{2(w-k)\pi i z} \right]
$$
$$
= \frac{e^{2kv\pi i}(e^{2w\pi i} - 1)}{2(w-k)\pi i}.
$$

したがって,

$$(4)の左辺 = (e^{2w\pi i} - 1)\lim_{n\to 0}\sum_{k=-n}^{n}\frac{e^{2kv\pi i}}{2(w-k)\pi i}$$

$$= (e^{2w\pi i} - 1)\left\{\frac{1}{2w\pi i} + \sum_{k=1}^{\infty}\left(\frac{e^{2kv\pi i}}{2(w-k)\pi i} + \frac{e^{2kv\pi i}}{2(w-k)\pi i}\right)\right\}$$

です. 一方

$$(4)の右辺 = \frac{1}{2}\lim_{\lambda\to 0}(F(v+\lambda) + F(v-\lambda)) = F(v)$$

$$\overset{(*)}{=} e^{2vw\pi i}$$

です（今の場合(4)の右辺の上側の式を使います. また, すぐ上の計算の（*）のところでは, F の連続性を用いています）. これらを等しいとおき, 両辺を $e^{2w\pi i}-1$ で割り, $w=z, v=u$ と書き換えれば, クロネッカーの公式が, $2\pi i w = t, v = u, k = n$ とおけば(3)が得られます.

(4)の下側の式を使えば, (1)が得られるのですが, それは読者に任せることにします.

3. (3)において, $u = h/p\ (0 < h < p)$ とおき, (3)の両辺に $\chi(h)$ を乗じ, h に関して和をとったもの（以下,（A）とよびます.）を考えましょう. その右辺には L-関数をもたらす級数が生じます. そこで左辺を利用して, 冒頭に述べた"χつきベルヌーイ数"を定義しましょう. ただしこれは, 本質的なものではなく, それを定義しておけば便利だ, といった類いのものです.

さて, 今言った操作をすれば, ベルヌーイ多項式の定義により,（A）の左辺は次のようになります:

$$\frac{1}{t}\sum_{h=1}^{p-1}\chi(h)\frac{te^{(h/p)t}}{e^t - 1} = \frac{1}{t}\sum_{h=1}^{p-1}\chi(h)\sum_{n=0}^{\infty}\frac{B_n(h/p)}{n!}t^n$$

$$= \frac{1}{t}\sum_{n=0}^{\infty}\left\{\sum_{h=1}^{p-1}\chi(h)B_n\left(\frac{h}{p}\right)\right\}\frac{t^n}{n!}$$

そこで

$$B_{\chi,n} = \sum_{h=1}^{p-1} \chi(h) B_n\left(\frac{h}{p}\right)$$

とおいて，$B_{\chi,n}$ を χ-ベルヌーイ数と呼ぶことにします．

そうすれば，

$$(A)の左辺 = \frac{1}{t}\sum_{n=0}^{\infty} B_{\chi,n} \frac{t^n}{n!}$$

ですが，定義より明らかに $B_{\chi,0} = 0$ ですから，結局

$$(A)の左辺 = \sum_{n=1}^{\infty} B_{\chi,n} \frac{t^{n-1}}{n!}$$

となります（t のべき指数がひとつ減り，和が $n=1$ からになっています）．一方，

$$(A)の右辺 = \frac{1}{t}\sum_{h=1}^{p-1}\chi(h) + \sum_{h=1}^{p-1}\chi(h)\sum_{n=1}^{\infty}\left(\frac{e^{-2\pi i n(h/p)}}{t+2\pi i n} + \frac{e^{2\pi i n(h/p)}}{t-2\pi i n}\right)$$

$$= \sum_{n=1}^{\infty}\left[\frac{\sum_{h=1}^{p-1}\chi(h)e^{-2\pi i n(h/p)}}{t+2\pi i n} + \frac{\sum_{h=1}^{p-1}\chi(h)e^{2\pi i n(h/p)}}{t-2\pi i n}\right]$$

ですが，ここで分母，分子の n の符号をそろえる必要があります．

［　］の中の第一項の分子において，h を $p-h$ で置き換えると，和の順序は変わりますが，和全体としては変わりません．したがって，

$$\sum_{h=1}^{p-1}\chi(h)e^{-2\pi i n(h/p)} = \sum_{h=1}^{p-1}\chi(p-h)e^{-2\pi i n((p-h)/p)} = \sum_{h=1}^{p-1}\chi(-h)e^{2\pi i n(h/p)}$$

$$= \chi(-1)\sum_{h=1}^{p-1}\chi(h)e^{2\pi i n(h/p)}$$

$$= \chi(-1)T_n(\chi) = \chi(-1)\overline{\chi}(n)T(\chi).$$

結局，

$$(A)の右辺 = \sum_{n=1}^{\infty}\left(\frac{\chi(-1)\overline{\chi}(n)T(\chi)}{t+2\pi i n} + \frac{\overline{\chi}(n)T(\chi)}{t-2\pi i n}\right),$$

さらに，

$$\sum_{n=1}^{\infty} B_{\chi,n} \frac{t^{n-1}}{n!} = \sum_{n=1}^{\infty} \left(\frac{\chi(-1)\overline{\chi}(n)T(\chi)}{t+2\pi in} + \frac{\overline{\chi}(n)T(\chi)}{t-2\pi in} \right)$$

が得られました．

t に関して $k-1$ 回微分すれば，

$$\sum_{n=k}^{\infty} B_{\chi,n} \frac{(n-1)(n-2)\cdots(n-k+1)t^{n-k}}{n!}$$
$$= (-1)^{k-1}(k-1)! \sum_{n=1}^{\infty} \left(\frac{\chi(-1)\overline{\chi}(n)T(\chi)}{(t+2\pi in)^k} + \frac{\overline{\chi}(n)T(\chi)}{(t-2\pi in)^k} \right)$$

で，$t=0$ とおけば，左辺では $n=k$ の項だけが残り，その分子は $(k-1)!$ ですから

(5) $$\frac{B_{\chi,k}}{k!} = (-1)^{k-1} \sum_{n=1}^{\infty} \left(\frac{\chi(-1)\overline{\chi}(n)T(\chi)}{(2\pi in)^k} + \frac{\overline{\chi}(n)T(\chi)}{(-2\pi in)^k} \right)$$

です．

さて，第十八回で，$\chi(-1)=1$ である χ を偶指標，$\chi(-1)=-1$ である χ を奇指標といいました．以下，偶，奇指標を区別します．

（Ⅰ）χ を偶指標とします．そのとき，(5)は

$$\frac{B_{\chi,k}}{k!} = (-1)^{k-1} T(\chi) \sum_{n=1}^{\infty} \left(\frac{\overline{\chi}(n)}{(2\pi in)^k} + \frac{\overline{\chi}(n)}{(-2\pi in)^k} \right)$$

です．このとき，k が奇数ならば，右辺括弧の中の二つの項は符号が反対ですから 0 になります．k が偶数ならば，改めて k を $2k$ と書けば

$$\frac{B_{\chi,2k}}{(2k)!} = (-1)^{2k-1} 2T(\chi) \sum_{n=1}^{\infty} \frac{\overline{\chi}(n)}{(2\pi in)^{2k}}$$
$$= \frac{-2T(\chi)}{(2\pi i)^{2k}} L(2k, \overline{\chi})$$

です．ここで，χ を $\overline{\chi}$ に改め，書き換えると

(6) $$L(2k, \chi) = \frac{(-1)^{k+1} 2^{2k-1} \pi^{2k} B_{\overline{\chi},2k}}{(2k)! T(\overline{\chi})},$$

χ：偶指標，$k>0$，

となります.

　（Ⅱ）χ を奇指標とします．このとき，(5)の右辺で $\chi(-1)=-1$ を代入してみれば，k が偶数ならば，右辺の括弧の中の二つの項は，符号反対ですから，0 に等しく，一方，k が奇数ならば，それを改めて $2k+1(k>0)$ とおくとき

$$\frac{B_{\chi, 2k+1}}{(2k+1)!} = 2T(\chi)\sum_{n=1}^{\infty}\frac{-\overline{\chi}(n)}{(2\pi i n)^{2k+1}}$$

$$= \frac{-2T(\chi)}{(2\pi i)^{2k+1}}L(2k+1, \overline{\chi})$$

が得られます．ここで，$\overline{\chi}$ を χ に改めて，書き直すと

(7) $$L(2k+1, \chi) = \frac{(-1)^{k+1}i2^{2k}\pi^{2k+1}B_{\overline{\chi}, 2k+1}}{(2k+1)!T(\overline{\chi})},$$

$$\chi : \text{奇指標}, \quad k>0,$$

となります．

4．

いくつかの実例を計算しましょう．そのために，前回にも触れた次の式を利用します：

(8) $$T(\chi)T(\overline{\chi}) = \chi(-1)p.$$

　ここで，χ は mod. p の指標であることに注意してください．

　これだけならば，証明は比較的簡単です．すなわち，

$$T(\chi)T(\overline{\chi}) = T(\chi)\sum_{h\bmod p}\overline{\chi}(h)e^{2\pi i h/p}$$

において，h を $-h$ でおきかえれば

$$= T(\chi)\sum_{h\bmod p}\overline{\chi}(-h)e^{-2\pi i h/p}$$

$$= \overline{\chi}(-1)T(\chi)\overline{T(\chi)}$$

ですから，

$$T(\chi)\overline{T(\chi)} = p$$

を示せばよい訳です．

の右辺に

$$T(\chi)\bar{\chi}(h) = \sum_{k \bmod p} \chi(k) e^{-2\pi i h k / p}$$

を代入すれば，

$$T(\chi)\overline{T(\chi)} = \sum_{h \bmod p} \sum_{k \bmod p} \chi(k) e^{2\pi i h(k-1)/p}$$
$$= \sum_{k \bmod p} \chi(k) \sum_{h \bmod p} e^{2\pi i h(k-1)/p}$$

ですが，

(9) $$\sum_{h \bmod p} e^{2\pi i h(k-1)/p} = \begin{cases} 0 & k \not\equiv 1 \pmod{p} \\ p & k \equiv 1 \pmod{p} \end{cases}$$

に注意すれば

$$T(\chi)\overline{T(\chi)} = p$$

です．これで，(8)は証明されました．(9)の証明は後述．

実例では，χ が実指標の場合を考えます．したがって，$T(\chi) = T(\bar{\chi})$ ですから，

(8)は

$$T(\chi)^2 = \chi(-1)p, \ T(\chi) = \pm\sqrt{\chi(-1)p}$$

となります．ここで前回述べたように，数年の苦心をはらったガウスに敬意を払いつつ，

(10) $$T(\chi) = \sqrt{\chi(-1)p}$$

を証明なしで用いることにしましょう．

例　$\chi(n) = \left(\dfrac{n}{5}\right)$ とします．このとき，$\chi(1) = \chi(4) = 1, \chi(2) = \chi(3) = -1, \chi(5) = 0$,

$\chi(-1) = \chi(4) = 1$ で, χ は偶指標です. もちろん, $\chi = \bar{\chi}$ です. $T(\chi) = \sqrt{5}$, ((10)による),

$$B_2\left(\frac{1}{5}\right) = \left(\frac{1}{5}\right)^2 - \left(\frac{1}{5}\right) + \frac{1}{6} = \frac{1}{25} - \frac{1}{5} + \frac{1}{6},$$

$$B_2\left(\frac{2}{5}\right) = \left(\frac{2}{5}\right)^2 - \left(\frac{2}{5}\right) + \frac{1}{6} = \frac{4}{25} - \frac{2}{5} + \frac{1}{6},$$

$$B_2\left(\frac{3}{5}\right) = \left(\frac{3}{5}\right)^2 - \left(\frac{3}{5}\right) + \frac{1}{6} = \frac{9}{25} - \frac{3}{5} + \frac{1}{6},$$

$$B_2\left(\frac{4}{5}\right) = \left(\frac{4}{5}\right)^2 - \left(\frac{4}{5}\right) + \frac{1}{6} = \frac{16}{25} - \frac{4}{5} + \frac{1}{6},$$

$$B_{\chi,2} = \chi(1)B_2\left(\frac{1}{5}\right) + \chi(2)B_2\left(\frac{2}{5}\right) + \chi(3)B_2\left(\frac{3}{5}\right)$$
$$+ \chi(4)B_2\left(\frac{4}{5}\right) = \frac{4}{25}$$

ですから, (6)により

$$L(2, \chi) = \frac{1}{1} - \frac{1}{4} - \frac{1}{9} + \frac{1}{16} + \frac{1}{36} - \frac{1}{49} - \frac{1}{64} + \frac{1}{81} + \cdots\cdots = \frac{4\pi^2}{25\sqrt{5}}$$

例 $\chi(n) = \left(\dfrac{n}{7}\right)$ とすれば, $\chi(1) = \chi(2) = \chi(4) = 1$, $\chi(3) = \chi(5) = \chi(6) = -1$ で, この χ は奇指標. (10)により $T(\chi) = i\sqrt{7}$.

ついでに,

$$B_{\chi,2} = B_2\left(\frac{1}{7}\right) + B_2\left(\frac{2}{7}\right) - B_2\left(\frac{3}{7}\right) + B_2\left(\frac{4}{7}\right) - B_2\left(\frac{5}{7}\right) - B_2\left(\frac{6}{7}\right) = 0 \text{ です.}$$

$$B_{\chi,3} = B_3\left(\frac{1}{7}\right) + B_3\left(\frac{2}{7}\right) - B_3\left(\frac{3}{7}\right) + B_3\left(\frac{4}{7}\right) - B_3\left(\frac{5}{7}\right) - B_3\left(\frac{6}{7}\right) = \frac{48}{7^3}$$

(ここで, $B_3(x) = x^3 - \dfrac{3}{2}x^2 + \dfrac{1}{2}x$ を用いる)

より, (7)を用いて

$$L(3,\chi) = \frac{2^5 \pi^3}{7^3 \sqrt{7}}.$$

例 χ を

$$\chi(n) = \begin{cases} (-1)^{(n^2-1)/8} & n:奇数 \\ 0 & n:偶数 \end{cases}$$

により定義された指標とします．この χ は $\mathrm{mod}\,p$（p は奇素数）の仲間に入れてよいことは前回注意しました．χ は $\mathrm{mod}\,8$ の偶指標でした．
(10)により，$T(\chi) = 2\sqrt{2}$，

$$B_{\chi,2} = B_2\left(\frac{1}{8}\right) - B_2\left(\frac{3}{8}\right) - B_2\left(\frac{5}{8}\right) + B_2\left(\frac{7}{8}\right) = \frac{1}{4},$$

より，

$$L(2,\chi) = \frac{\pi^2}{8\sqrt{2}}.$$

(9)の証明．$k \equiv 1(\mathrm{mod.}\,p)$ ならば，和の各項は1ですから，結果が正しいことは明らかです．$k \not\equiv 1(\mathrm{mod.}\,p)$ ならば，和は1の p-乗根すべて（p 個）の和にほかありません．それらは，$x^p - 1 = 0$ の解のすべての和であり，解と係数の関係により，その和は x^{p-1} の係数に -1 を乗じたものに等しく，したがって，$=0$ です．

問1 ディリクレの公式(4)の下側を用いて(1)を証明しなさい．

問2 $\chi \neq$（主指標）とします．χ が偶指標で，n が奇数，または χ が奇指標で n が偶数ならば，

$$\sum_{h\,\mathrm{mod}\,p} \chi(h) B_n\left(\frac{h}{p}\right) = 0$$

であることを証明しなさい．（(5)を用います．）

20. すばらしいテータ関数

1. 前にお話ししたリーマンのゼータ関数

$$\zeta(s) = \sum_{n=1}^{\infty} \frac{1}{n^s}, \quad R(s) > 1$$

は，整数を基に定義されているにもかかわらず，整数がどのように $\zeta(s)$ の性質に関係するのかは表現されていません．そして現在，そのような $\zeta(s)$ の表示式は得られていないようです．それに反し，たとえば $\sum_{n=0}^{\infty} e^{-nt}$ ($t>0$) は，変換 $t \to t + 2\pi i k$, k は整数，に関して不変であり，(k の)整数性がはっきりと現れています．したがって $\zeta(s)$ とそのような関数とを結び付けることができるならば，その整数性の表現(のみならず，そのような関数のもついろいろな性質)が何らかの意味で $\zeta(s)$ に反映されるはずです．実際には，和の条件を $-\infty$ から ∞ にしたほうが扱いやすいので n を n^2 に変え，複素変数 $z = x+iy$, $y>0$，を用いて

(1) $$\sum_{n=-\infty}^{\infty} e^{\pi i n^2 z}$$

を，さらに一般にして，複素変数 w を導入し，

(2) $$\vartheta(z,w) = \sum_{n=-\infty}^{\infty} e^{\pi i n^2 z + 2\pi i n w}$$

を考えます．これらの右辺は，上半平面 $\mathfrak{H} = \{z = x+iy; x,y \text{は実数}, y>0\}$ において(絶対一様)収束し，z の解析関数を定義します．これがテータ関数です．

たとえば，(1)の右辺が収束することは，$t>0$ にたいし

$$e^t = 1 + \frac{t}{1!} + \frac{t^2}{2!} + \cdots + \frac{t^k}{k!} + \cdots > \frac{t^k}{k!}, \quad (k \text{は任意})$$

(3) $$e^{-t} < \frac{k!}{t^k}, \quad \left|e^{2\pi i n^2 z}\right| = e^{-2\pi n^2 y} < \frac{k!}{(2\pi y)^k}\frac{1}{n^{2k}},$$

$$\left|\sum_{n=-\infty}^{\infty} e^{2\pi i n^2 z}\right| \le \sum_{n=-\infty}^{\infty}\left|e^{2\pi i n^2 z}\right| \le 1 + \frac{2k!}{(2\pi y)^k}\sum_{n=1}^{\infty}\frac{1}{n^{2k}}$$

から分かります．(3)はよく使われる，役に立つ評価です．

　(1)，(2)の構成は全く簡単ですが，ここでべき指数に，和の文字 n の2次式が現れているところがミソです．そして，テータ関数は構成の簡単さにもかかわらず，いろいろな性質をもっているすばらしい関数です．その一端をお話ししようというのが今回の目的です．

2.

テータ関数の発生は，遠くオイラーにさかのぼります．彼は，$|q|<1$ にたいして

(4) $$\prod_{m=1}^{\infty}(1-q^m) = \sum_{m=-\infty}^{\infty}(-1)^m q^{(3m^2+m)/2}$$

を証明しました．$|q|<1$ ですから

$$q = e^{2\pi i z}, \ z = x + iy, \ y > 0$$

とおくことができます．そうすれば，オイラーの公式は

(4´) $$\prod_{n=1}^{\infty}(1-e^{2\pi i n z}) = \sum_{n=-\infty}^{\infty}(-1)^n e^{\pi i z(3n^2+n)}$$

と書かれます．

$$(-1)^n e^{\pi i z(3n^2+n)} = e^{\pi i n + 3\pi i n^2 z + \pi i n^8}$$
$$= e^{\pi i 3 z n^2 + 2\pi i n(1/2 + z/2)}$$

ですから，

$$(4)の右辺 = \vartheta\left(3z, \frac{1}{2} + \frac{1}{2}z\right)$$

です．

　オイラーは，帰納法により(4)を証明しました (1750)．

$$\prod_{m=1}^{\infty}(1-q^m) = (1-q)(1-q^2)(1-q^3)(1-q^4)\cdots$$
$$= 1 - q - q^2 - q^5 + q^7 - q^{12} - q^{15} + \cdots$$

と実際に展開してみて，見当をつけたのでしょう．

さて，オイラーよりはるか昔，ギリシャ時代にピタゴラス学派が多角数，すなわち三角数，四角数，五角数，…，という概念を導入しています；それは次の図のように各多角形を拡大して行ったときの頂点の個数です；

三角数

四角数

五角数

五角数は，1, $5 = 1+4$, $12 = 1+4+7$, $22 = 1+4+7+10$, $35 = 1+4+7+10+13$,…と並んでいること（各数は，初項1，公差3の等差数列）に注意すれば，一般項は

$$g(m) = \frac{3m^2 - m}{2}$$

で与えられます．そこで $g(m)$ と

$$g(-m) = \frac{3m^2 + m}{2}$$

とを併せて，これも五角数とよぶ習慣（？）です．そうすれば(4)は

$$\prod_{m=1}^{\infty}(1-q^m) = 1 + \sum_{m=1}^{\infty}(-1)^m(q^{g(-m)} + q^{g(m)})$$
$$= \sum_{m=-\infty}^{\infty}(-1)^m q^{g(-m)}$$

に他ありません．したがって，(4)はオイラーの"五角数定理"と呼ばれることがあります．

3. 一方，テータ関数の発生は，"自然数の分割問題"に深くかかわっています．その問題にはいくつかの型があります．たとえば；
 1) 自然数 n を異なる自然数の和で表す方法は，何通りあるか．すなわち

$$n = x_1 + x_2 + \cdots + x_k, \quad k \text{は任意,}$$
$$0 < x_1 < x_2 < \cdots < x_k$$

の自然数解の組 $x_1, x_2, \cdots, x_k$ の個数 $a(n)$ は何か．
 2) 各 0 又は正の整数 n にたいして

$$n = 1 \cdot x_1 + 2 \cdot x_2 + \cdots + k \cdot x_k, \quad k \text{は任意,}$$

を満たす 0 または正の整数の組 $x_1, x_2, \cdots, x_k$ の個数 $p(n)$ は何か．
1) の場合，いくつかの n にたいして $a(n)$ を求めると

$a(1) = 1, a(2) = 1,$
$3 = 1+2, 3$ より $a(3) = 2,$
$4 = 1+3, 4$ より $a(4) = 2,$
$5 = 1+4, 2+3, 5$ より $a(5) = 3,$
$6 = 1+2+3, 1+5, 2+4, 6$ より $a(6) = 4,$
$7 = 1+2+4, 1+6, 2+5, 3+4, 7$ より $a(7) = 5,$

ですが，これでは $a(n)$ の性格は見通しがつきません．
 さて，第三回"形式的べき級数"のところで整数論的関数の生成関数をとり

あげました．今の場合，生成関数は

$$\sum_{n=0}^{\infty} a(n)q^n, \ a(0) = 1$$

ですが，それが分かりやすい関数で表現されれば，少なくとも$a(n)$の漸化式が得られるわけです．ところで

$$\prod_{n=1}^{\infty}(1+q^n) = (1+q)(1+q^2)(1+q^3)(1+q^4)\cdots$$

の展開において，q^nが何重に現れるかを考えると，それは右辺の各因子から

$$q^{x_1}, \ q^{x_2}, \ \cdots, \ q^{x_k}$$

を，

$$q^{x_1} \cdot q^{x_2} \cdots q^{x_k} = q^{x_1+x_2+\cdots+x_k} = q^n$$
$$\text{すなわち，} x_1 + x_2 + \cdots + x_k = n$$

を満たすように取り出す回数だけあります．それは$a(n)$に他ありません．したがって

$$\prod_{n=1}^{\infty}(1+q^n) = \sum_{n=0}^{\infty} a(n)q^n$$

が（形式的に）得られました．しかし，この左辺は簡単なものではありません．この方向から$a(n)$を攻めるのはあきらめざるを得ません．

2）の場合，$k=3$と指定してすでに第三回において$p(n)$を定めました．そのときと同様に考えて，今の場合

(5) $$\prod_{n=1}^{\infty} \frac{1}{(1-q^n)} = \sum_{n=0}^{\infty} p(n)q^n, \ (p(0)=1)$$

が示されます．

ここで，左辺は(4)の左辺の逆であることに注意してください．では，(4)の左辺そのものはどんな整数論的関数の生成関数になっているのでしょうか．すなわち

$$\prod_{n=1}^{\infty}(1-q^n) = \sum_{n=0}^{\infty} b(n)q^n$$

とおくとき，$b(n)$の意味は何でしょうか．

$$\prod_{n=1}^{\infty}(1-q^n) = (1-q)(1-q^2)(1-q^3)(1-q^4)\cdots$$

を展開すると q^n は $x_1, x_2, \cdots, x_k$ を

(6) $$x_1 + x_2 + \cdots + x_k = n$$

の解として，それごとに

$$= (-q^{x_1})(-q^{x_2})(-q^{x_3})\cdots(-q^{x_k}) = (-1)^k q^{x_1+x_2+\cdots+x_k},$$

から得られます．したがって

$$p_e(n) = 偶数 k にたいする (6) の解の個数,$$
$$p_o(n) = 奇数 k にたいする (6) の解の個数$$

とおけば

$$b(n) = p_e(n) - p_o(n)$$

となります．それがオイラーにより

$$b(n) = \begin{cases} (-1)^m, & n = \dfrac{3m^2+m}{2} \text{ のとき,} \\ 0, & n\text{ がそう表されないとき} \end{cases}$$

と求められたのです．
したがって

$$b(0) = 1, \ b(1) = -1, \ b(2) = -1, \ b(3) = 0, \ b(4) = 0,$$
$$b(5) = 1, \ b(6) = 0, \ b(7) = 1, \cdots$$

です．
　この結果と (5) を結び付けると

$$\left(\sum_{n=-\infty}^{\infty} b(n) q^n\right)\left(\sum_{n=0}^{\infty} p(n) q^n\right) = 1,$$

すなわち，

$$\left(1 + \sum_{n=1}^{\infty} (-1)^n \{q^{g(n)} + q^{g(-n)}\}\right)\left(\sum_{n=0}^{\infty} p(n) q^n\right) = 1,$$

であり，これから $p(n)$ の漸化式

$$p(n) - p(n-1) - p(n-2) + p(n-5) + p(n-7) + \cdots = 0$$

が得られます．ここで $p(0) = 1$, $n < 0$ ならば $p(n) = 0$ とします．そして

$p(n-k)$ の k は，五角数です．したがって，上の約束の下で

(7) $$p(n) = -\sum_{k=1}^{\infty} (-1)^k \bigl(p(n-g(k)) + p(n-g(-k)) \bigr)$$

と表されます．

4. 第13回でラグランジュの定理

"各自然数は，4個の自然数の和として表される"
を証明しました．しかし，その証明では，何通りに表されるかということまでは分かりません．

自然数 n にたいして

$$n = x_1^2 + x_2^2 + x_3^2 + x_4^2$$

の異なる整数解 (x_1, x_2, x_3, x_4) の個数を $c(n)$ とします．ただし，二つの解において x_i の順序が異なるもの，あるいは符号だけが異なるものは異なるとします．したがって，たとえば $n = 4$ にたいして

$$(0, 0, 0, \pm 2), (0, 0, \pm 2, 0), (0, \pm 2, 0, 0),$$
$$(\pm 2, 0, 0, 0), (\pm 1, \pm 1, \pm 1, \pm 1)$$

（複号異順）

はすべて異なる解であり，$c(4) = 24$ となります．

さて，テータ関数を用いると

(8) $$c(n) = 8 \sum_{d \mid n} d - 8 \sum_{4d \mid n} 4d$$

が証明されます．

証明のあらましを述べましょう．$c(0) = 1$ とします．$c(n)$ の生成関数は

$$\sum_{\substack{x_i = -\infty \\ i=1,2,3,4}}^{\infty} q^{x_1^2 + x_2^2 + x_3^2 + x_4^2} = \left(\sum_{k=-\infty}^{\infty} q^{k^2} \right)^4$$

$$= \sum_{n=0}^{\infty} \left[\sum_{n = x_1^2 + x_2^2 + x_3^2 + x_4^2} 1 \right] q^n = \sum_{n=0}^{\infty} c(n) q^n$$

です．$q = e^{\pi i z}$ と書けば

(9) $$(\vartheta(z, 0))^4 = \sum_{n=0}^{\infty} c(n) e^{\pi i n z}$$

です．

さて(8)が証明されたとすれば(9)の右辺は

$$1 + 8 \sum_{d=1, m=1}^{\infty} de^{\pi i m d z} - 8 \sum_{d=1, m=1}^{\infty} 4de^{\pi i 4 m d z} \quad (= f(z) \text{とおきます})$$

となります．ここで

$$\sum_{d=1, m=1}^{\infty} de^{\pi i m d z} = \sum_{d=1}^{\infty} d \sum_{m=1}^{\infty} (e^{\pi i d z})^m = \sum_{d=1}^{\infty} d \frac{e^{\pi i d z}}{1 - e^{\pi i d z}}$$

で，同様に

$$\sum_{d=1, m=1}^{\infty} 4de^{\pi i m d z} = \sum_{d=1}^{\infty} 4d \frac{e^{4\pi i d z}}{1 - e^{4\pi i d z}}$$

ですから，d を n と書き換えて

$$f(z) = 1 + 8 \sum_{n=1}^{\infty} \frac{ne^{\pi i n z}}{1 - e^{\pi i n z}} - 8 \sum_{n=1}^{\infty} \frac{4ne^{4\pi i n z}}{1 - e^{4\pi i n z}}$$

が得られました．これで，目標は

(10) $$(\vartheta(z, 0))^4 = f(z)$$

の証明にしぼられました．

(10)の証明は

(11) $$\left(\vartheta\left(-\frac{1}{z}, 0\right)\right)^4 = -z^2 (\vartheta(z, 0))^4, \quad (\vartheta(z+2, 0))^4 = (\vartheta(z, 0))^4$$

および，$f(z)$ が全く同じ等式を満たすこと，そうしてリューヴィユの定理により

$$\frac{(\vartheta(z, 0))^4 - f(z)}{\eta(z)} \text{ は定数，そして} = 0$$

を示す，という筋道をたどります．（この行間を埋めるのは大変です．）しか

し詳細は，なかなかむずかしいので省略し，ただ，リューヴィユの定理
"複素変数関数 $f(z)$ が z-平面の各点で正則で，有界ならば定数である"
は，使いやすい，解析的整数論でしばしば活躍する優秀な定理であることを注意するにとどめます．

上に顔を出した $\eta(z)$ は，デデキントの η-関数とよばれる，数論に登場する重要な関数です：

$$\eta(z) = e^{\pi i z/12} \prod_{n=1}^{\infty}(1 - e^{2\pi i n z}), \ \mathrm{Im}(z) > 0.$$

(この無限積の部分は上ですでに現れています．)

5. (11)の最初の等式は

"テータ関数の反転公式：$z \in \mathfrak{H}$, $w \in \mathbf{C}$ にたいして

$$(12) \qquad \sqrt{\frac{i}{z}} \sum_{n=-\infty}^{\infty} e^{-\pi i (n^2/z) + 2\pi i n w} = \sum_{n=-\infty}^{\infty} e^{\pi i z (n+w)^2}$$

が成り立つ．ただし，$\sqrt{z}$ は z が正の実数のとき正の実数値を取る．"
から得られます．(12)は左辺の無限和を実変数 w の関数とみてフーリエ展開することにより証明されますが，証明は割愛します．

さて，微分積分学にも登場する Γ-関数

$$\Gamma(s) = \int_0^{\infty} e^{-t} t^{s-1} dt, \ R(s) > 1$$

を思い出しましょう．ここで s は以下では実変数で十分なのでそうします．

そのとき，自然数 n にたいし

$$\int_0^{\infty} e^{-\pi n^2 t} t^{s/2-1} dt = \frac{\Gamma\left(\frac{1}{2}s\right)}{\pi^{s/2} n^s}$$

です．したがって，冒頭で触れた $\zeta(s)$ とテータ関数との関係は

$$\pi^{-s/2}\Gamma\left(\frac{1}{2}s\right)\zeta(s) = \sum_{n=1}^{\infty}\frac{\pi^{-s/2}\Gamma\left(\frac{1}{2}s\right)}{n^s}$$

$$= \sum_{n=1}^{\infty}\int_0^{\infty} e^{-\pi n^2 t} t^{s/2-1} dt$$

(13)
$$= \int_0^{\infty}\left(\sum_{n=1}^{\infty} e^{-\pi n^2 t}\right) t^{s/2-1} dt \ (z=it)$$

$$= \int_0^{\infty}\frac{1}{2}(\vartheta(it,0)-1) t^{s/2-1} dt, \ s>1$$

より与えられます.ここで,積分と無限和の順序を交換していますが,もちろんそうしてよいことを証明しなければなりません.しかしそれは読者に任せることにします.計算を続けましょう.簡単のため

$$f(t) = \sum_{n=1}^{\infty} e^{-\pi n^2 t}, \quad t>0$$

と書きます.このとき(12)は

$$1+2f(t) = t^{-1/2}(1+2f(t^{-1}))$$

と書かれます.(13)の積分区間を二つに分けて

$$\pi^{-s/2}\Gamma\left(\frac{1}{2}s\right)\zeta(s) = \int_0^{\infty} f(t) t^{s/2-1} dt = \int_1^{\infty} + \int_0^1$$

$$= \int_1^{\infty} f(t) t^{s/2-1} dt - \int_{\infty}^1 f(t^{-1}) t^{-s/2-1} dt$$

$$= \int_1^{\infty} f(t) t^{s/2-1} dt + \int_1^{\infty}\left(t^{1/2} f(t) + \frac{1}{2} t^{1/2} - \frac{1}{2}\right) t^{-s/2-1} dt$$

$$= \int_1^{\infty} f(t)(t^{s/2-1} + t^{(1-s)/2-1}) dt + \frac{1}{2}\int_1^{\infty}(t^{-(s-1)/2-1} - t^{-s/2-1}) dt$$

$$= \int_1^{\infty} f(t)(t^{s/2-1} + t^{(1-s)/2-1}) dt - \frac{1}{s(1-s)}, \ s>1$$

が得られますが,この積分はすべての s にたいして収束します.したがって, $s=0,1$ を除いてすべての(複素数)s にたいして上の結果は成り立ちます.つまり $\zeta(s)$ の定義式は $R(s)>1$ にたいしてしか意味はありませんが,上の式はすべての s たいして意味のある $\zeta(s)$ の表示を与えるわけです.

そして最終式は s を $1-s$ でおきかえてもかわりません．よって関数等式

(14) $$\pi^{-s/2}\Gamma\left(\frac{1}{2}s\right)\zeta(s) = \pi^{-(1-s)/2}\Gamma\left(\frac{1}{2}(1-s)\right)\zeta(1-s)$$

が成り立ちます．

これから $\zeta(s)$ の，負の整数点における値が求められます：まず $s=-2n$, n は正の整数，とすると (14) の右辺はある有限な値を取ります．しかし，左辺では Γ は $-n$ で無限大になりますから $\zeta(-2n)=0$ でなければなりません．$s=-2n+1$ ならば，それを (14) に代入して

$$\pi^{n-(1/2)}\Gamma\left(-n+\frac{1}{2}\right)\zeta(-2n+1) = \pi^{-n}\Gamma(n)\zeta(2n).$$

ここで，

$$\zeta(2n) = \frac{(2\pi)^{2n}(-1)^{n+1}}{2(2n)!}B_{2n} \quad (n\geq 1) \qquad \text{(第 17 回参照)}$$

$$\Gamma(n) = (n-1)!,$$
$$\Gamma\left(-n+\frac{1}{2}\right) = \frac{\pi^{1/2}2^{2n}(-1)^n(n-1)!}{(2n)!}$$

を用いれば

$$\zeta(-2n+1) = (-1)^{2n-1}\frac{B_{2n}}{2n} = -\frac{B_{2n}}{2n}$$

となります．

すでに上でも用いましたが Γ-関数について説明します．部分積分により，$s>1$ にたいして

(15) $$\Gamma(s+1) = \int_0^\infty e^{-t}t^{s+1-1}dt$$
$$= \left[-e^{-t}\right]_0^\infty + s\int_0^\infty e^{-t}t^{s-1}dt = s\,\Gamma(s)$$

ですが，これより正の整数 n にたいして

$$\Gamma(n) = \Gamma(n-1+1) = (n-1)\Gamma(n-1)$$
$$= (n-1)(n-2)\Gamma(n-2)$$
$$= \cdots = (n-1)(n-2)\cdots 1\cdot\Gamma(1) = (n-1)!.$$

また(15)を変形して

$$\Gamma(s) = \frac{\Gamma(s+1)}{s}$$

ですが，$s>0$ ならば $s+1>0$ ですから右辺は定義されます．そこでその右辺の値により，左辺を定義します．これで，$\Gamma(s)$ は $s>0$ にまで定義域が広げられました．つぎに，$s>-1$ ならば右辺は定義されますから，それにより $\Gamma(s)$ を定義します．こうして Γ - 関数の定義域は $s>-1$ にまで広げられ，以下同様にして負の整数点を除き，すべての s にたいして Γ - 関数は定義されることになります．そうすれば

$$\Gamma\left(\frac{1}{2}\right) = \Gamma\left(-\frac{1}{2}+1\right) = \left(-\frac{1}{2}\right)\Gamma\left(-\frac{1}{2}\right),$$

$$\Gamma\left(-\frac{1}{2}\right) = \Gamma(-3/2+1) = (-3/2)\Gamma(-3/2),$$

$$\Gamma(-3/2) = \Gamma(-5/2+1) = (-5/2)\Gamma(-5/2),$$

$$\cdots\cdots\cdots\cdots\cdots\cdots$$

$$\Gamma\left(-(n-2)-\frac{1}{2}\right) = \Gamma\left(-n+\frac{1}{2}+1\right)$$
$$= \left(-n+\frac{1}{2}\right)\Gamma\left(-n+\frac{1}{2}\right)$$

で，これらを結び付け，$\Gamma\left(\frac{1}{2}\right) = \pi^{\frac{1}{2}}$ を用いれば $\Gamma\left(-n+\frac{1}{2}\right)$ が求められます．

さらに，$\Gamma\left(\frac{1}{2}\right)$ は，たとえば次のように計算されます：

$$\left(\int_0^\infty e^{-x^2}dx\right)^2 = \int_0^\infty\int_0^\infty e^{-x^2-y^2}dxdy$$
$$= \int_0^{\pi/2}\int_0^\infty e^{-r^2}rdrd\theta = \pi/4,$$
$$(x=r\cos\theta,\ y=r\sin\theta)$$

$$\int_0^\infty e^{-x^2}dx = \frac{1}{2}\int_0^\infty e^{-t}t^{1/2-1}dt = \frac{1}{2}\Gamma\left(\frac{1}{2}\right).$$

ゆえに，$\Gamma\left(\dfrac{1}{2}\right) = \pi^{1/2}$.

まだまだテータ関数の魅力は尽きませんが，ここらで駒を止めましょう．

問 題 の 解 答

1.

問1. (i) 証明するべきことは
(*) " $(a,b)=1$　ならば　$\mu(ab)=\mu(a)\mu(b)$ "
です.

1. a 又は b が平方因子をもてば ab もそうです. ゆえに $\mu(ab)=0$.
$\mu(a)=0$ または $\mu(b)=0$ ですから (*) の右辺, 左辺ともに $=0$ です.

2. a, b ともに平方因子をもたないとすれば, 素因数分解を

$$a = p_1 p_2 \cdots p_r, \quad b = q_1 q_2 \cdots q_s$$

とするとき, $p_i, i=1,2,\cdots,r$, q_j, $j=1,2,\cdots,s$ はそれぞれ異なり, また仮定よりどの p_i とどの q_j も異なります. したがって

$$\mu(a)=(-1)^r, \ \mu(b)=(-1)^s, \ \mu(ab)=(-1)^{r+s}.$$

(ii) $n=1$ ならば

$$\sum_{d|1} \mu(d) = \mu(1) = 1 = e(1).$$

$n>1$ とし $n = \prod_{i=1}^{r} p_i^{e_i}$, $0 < e_i$, を n の素因数分解とします. そのとき n の約数 d は $d = \prod_{i=1}^{r} p_i^{x_i}$, $0 \leq x_i \leq e_i$, と書かれます. μ の性質より, $\mu(d)$ が消えないで残るのは, $x_i = 0$ または 1 であるような d だけです. ゆえに

(#) $\quad \displaystyle\sum_{d|n} \mu(d) = \sum_{x_1=0}^{1} \cdots\cdots \sum_{x_r=0}^{1} \mu(\prod_{i=1}^{r} p_i^{x_i}) = \sum_{x_1=0}^{1} \cdots\cdots \sum_{x_r=0}^{1} \prod_{i=1}^{r} \mu(p_i^{x_i}) = 0.$

なお

"f が乗法的ならば $\sum_{d|n} f(d) = g(n)$ も乗法的である"

を証明しておけば(その証明は(#)とほとんど同じ)，(ii)の証明は簡単になります．

問2. 本文中(6)の計算と全く同じ．そこの記号を使います．まず $\sum_{k=1}^{n} k^3 = \dfrac{n^2(n+1)^2}{4}$ に注意．$g(x) = x^3$, $x_1 = 1$, $x_2 = 2$, $\cdots$, $x_n = n$, $a = n$ ととります．

$$S_d = \sum_{d|(x_i, n)} x_i^3 = d^3\left\{1^3 + 2^3 + \cdots + \left(\frac{n}{d}\right)^3\right\} = \frac{n^4 + 2n^3 d + n^2 d^2}{4d},$$

$$S = \sum_{d|n} \mu(d) S_d = \tfrac{1}{4} n^4 \sum_{d|n} \frac{\mu(d)}{d} + \tfrac{1}{2} n^3 \sum_{d|n} \mu(d) S_d + \tfrac{1}{4} n^2 \sum_{d|n} d\,\mu(d)$$

$$= \tfrac{1}{4} n^2 \left\{ n\varphi(n) + \prod_{p|n}(1-p) \right\}.$$

ここで

$$\prod_{p|n}(1-p) = \prod(-p)\prod\left(1 - \frac{1}{p}\right) = \frac{\varphi(n)}{n}\prod(-p)$$

と変形すればよろしい．

問3. $g(x) = \sum_{d \leq x} \mu(d)\left[\dfrac{x}{d}\right]$ とおけば，実数に対して定義された関数に対する反転公式 (*) より $[x] = \sum_{d \leq x} g(x/d)$ が得られます．あと，x が属する各区間にたいして $g(x)$ の値を定めればよろしい．そのために，$M \leq x < M+1$ (M は自然数)にたいして上の式から $g(x) + g(x/2) + g(x/3) + \cdots\cdots + g(x/M) = M$ が得られることに注意します．そうすれば

$M=1$, すなわち $1 \leq x < 2 \Rightarrow g(x) = 1$

$M=2$, すなわち $2 \leq x < 3 \Rightarrow g(x) + g(x/2) = 2$ で $1 \leq x/2 < 3/2 < 2$ より
$g(x/2) = 1$. ゆえに $g(x) = 1$.

$M=3$, すなわち $3 \leq x < 4 \Rightarrow g(x) + g(x/2) + g(x/3) = 3$ で $3/2 \leq x/2 < 2$
$g(x/2) = 1$, $1 \leq x/3 < 4/3 < 2$ より $g(x/3) = 1$.
ゆえに $g(x) = 1$.

以下同様にして $g(x) = 1$, $x \geq 1$ が証明されます。

2.

問 1. 定義より $\varepsilon^{-1}(n) = -\dfrac{1}{\varepsilon(1)} \sum_{\substack{d \mid n \\ d < n}} \varepsilon(n/d) \varepsilon^{-1}(d) = -\dfrac{n}{\varepsilon(1)} \sum_{\substack{d \mid n \\ d < n}} \dfrac{\varepsilon^{-1}(d)}{d}$ です。これ

より実際 $\varepsilon^{-1}(2) = -2 = \mu(2)2$, $\varepsilon^{-1}(3) = -3 = \mu(3)3$, $\varepsilon^{-1}(4) = -4(1 + \varepsilon^{-1}(2)/2)$
$= 0 = \mu(4)4$ が導かれます。一般には、n に関する帰納法により証明されます。

$$\varepsilon^{-1}(n) = -\dfrac{n}{\varepsilon(1)} \sum_{\substack{d \mid n \\ d < n}} \mu(d) = -\dfrac{n}{\varepsilon(1)} \left(\sum_{d \mid n} \mu(d) - \mu(n) \right) = \mu(n) n.$$

問 2. 条件は $f * \mu^{-1} = e$ と書かれます。ゆえに $f = e * \mu = \mu$.

3.

問 1. 一般的に解きます。

$$\dfrac{E(X) - 1}{X} = \dfrac{1}{X} \sum_{n=0}^{\infty} -\dfrac{X^n}{n!} - \dfrac{1}{X}$$ ですから

$$\dfrac{E(X) - 1}{X} \left(\dfrac{E(X) - 1}{X} \right)^{-1} = \dfrac{1}{X} \sum_{n=0}^{\infty} \dfrac{X^n}{n!} \cdot \sum_{n=0}^{\infty} \dfrac{B^n X^n}{n!} - \dfrac{1}{X} \sum_{n=0}^{\infty} \dfrac{B^n X^n}{n!}$$

$$= \dfrac{1}{X} \sum_{n=0}^{\infty} \left(\sum_{k+l=n} \dfrac{n! B^l}{k! l!} \right) \dfrac{X^n}{n!} - \dfrac{1}{X} \sum_{n=0}^{\infty} \dfrac{B^n X^n}{n!}$$

227

$$= \frac{1}{X}\sum_{n=0}^{\infty}\left(\sum_{k+l=n}\frac{n!B^l}{k!l!}\right)\frac{X^n}{n!} - \frac{1}{X}\sum_{n=0}^{\infty}\frac{B^n X^n}{n!} = 1. \quad (**)$$

ここで $B_l = B^l$ (文字 B の l 乗)とみると，二項定理により

$$\sum_{k+l=n}\frac{n!B^l}{k!l!} = (1+B)^n$$

と書かれることに注意．以下，右辺を展開し，B^k が出たらそれを B_k と理解することにします．よって(**)から

(3.1) $\qquad n \geq 2$ ならば $(B+1)^n - B_n = 0$

が得られます．

まず，$\dfrac{E(X)-1}{X}$ の展開は 1 から始まりますからその逆の展開も 1 から始まります．したがって $B_0 = 1$．

さて，$n=2$ とおくと (3.1)は $B_2 + 2B_1 + 1 = B_2$ です．ゆえに $B_1 = -\dfrac{1}{2}$．

$n=3$ ならば(3.1)は $B_3 + 3B_2 + 3B_1 + 1 = B_3$．ゆえに $B_3 = 0$．
$n=4$ ならば(3.1)は $B_4 + 4B_3 + 6B_2 + 4B_1 + 1 = B_4$．これより $B_3 = 0$．
$n=5$ ならば(3.1)は $B_5 + 5B_4 + 10B_3 + 10B_2 + 5B_1 + 1 = B_5$．ゆえに $B_4 = -1/30$．

以下この計算を続けて $B_6 = 1/42$, $B_8 = -1/30$, $B_{10} = 5/66$, $B_{12} = -691/2730$ が導かれます．$B_{2n+1} = 0$, $(n \geq 1)$ のためには $\dfrac{X}{E(X)-1} + \dfrac{1}{2}X$ が "偶関数" であることを言えばよろしい．それには，それが置換 $X \to -X$ に関して不変であることを言えばよろしい．

$$\frac{-X}{E(-X)-1} - \frac{1}{2}X = \frac{-XE(X)}{1-E(X)} - \frac{1}{2}X = \frac{XE(X) - \frac{1}{2}XE(X) + \frac{1}{2}X}{E(X)-1}$$

$$= \frac{X + \frac{1}{2}X(E(X)-1)}{E(X)-1} = \frac{X}{E(X)-1} + \frac{1}{2}X.$$

問 2. 例 5 と同じ計算です．a_n を $n = t_1 + 5t_2$，を満たす 0 または正の整数の組 (t_1, t_2) の個数とします．$A(X) = \sum_{n=0}^{\infty} a_n X^n = (1-X)^{-1}(1-X^5)^{-1}$ より

$$(1-X)(1-X^5)\sum_{n=0}^{\infty} a_n X^n = 1. \quad \sum_{n=0}^{\infty} a_n X^n - X \sum_{n=0}^{\infty} a_n X^n - X^5 \sum_{n=0}^{\infty} a_n X^n + X^6 \sum_{n=0}^{\infty} a_n X^n = 1.$$

すなわち，$n < 0$ ならば $a_n = 0$ として，$\sum_{n=0}^{\infty}(a_n - a_{n-1} - a_{n-5} + a_{n-6})X^n = 1$ です．これより $a_0 = a_1 = a_2 = a_3 = a_4 = 1$，$a_5 = a_4 + a_0 = 2$，$a_6 = a_5 + a_1 - a_0 = 2$．$n \geq 6$ ならば $a_n - a_{n-1} - a_{n-5} + a_{n-6} = 0$．

4. ────────────────

問 1. g.c.d$(142, 402) = 2$ で 2 は 13 の約数ではありません．よって整数解をもちません．

問 2. mod.8 で考えます．mod.8 で 3 乗数の 2 倍 $2x^3$ は $\equiv 0, 2, 6$ です．平方数 y^2 は $\equiv 0, 1, 4$．一方 $93 \equiv 5 \pmod{8}$．しかし $2x^3 + y^2 \not\equiv 5 \pmod{8}$ です．

問 3. g.c.d$(7, 24) = 1$ ですから $(7; \text{mod}.24)^{-1}$ は存在します．$7x \equiv 1 \pmod{24}$ の解は $x \equiv 7 \pmod{24}$．ゆえに $(7; \text{mod}.24)^{-1} = (7; \text{mod}.24)$．

5. ────────────────

問 1. k に関する帰納法．$k = 1$ のとき正しいことは明らか．$k > 1$ とし，k にたいしては正しいとします．そうすれば

$$\text{Ind}_g(a^{k+1}) = \text{Ind}_g(a^k) + \text{Ind}_g(a) = k\log_g(a) + \text{Ind}_g(a) = (k+1)\text{Ind}_g(a).$$

問 2. （1）$5\text{Ind}_5(x) \equiv \text{Ind}_5 3 \pmod{6}$．すなわち $5\text{Ind}_5(x) \equiv 5 \pmod{6}$．これより $\text{Ind}_5(x) \equiv 1 (mo.6)$ で，表を逆にひいて $x = 5$．

（2）$\text{Ind}_5 6 + 3\text{Ind}_5(x) \equiv \text{Ind}_5 4 \pmod{6}$，すなわち $3 + 3\text{Ind}_5(x) \equiv 2 \pmod{6}$，

ゆえに $3\,\mathrm{Ind}_5(x) \equiv -1 \equiv 5 \pmod{6}$. $3 = \mathrm{g.c.d}(3,6)$ は 5 を割らないから解はありません.

7.

問 1. $X = 2^{2^n}$ とおくと, $2^{2^{n+k}} - 1 = (2^{2^n})^{2^k} - 1 = X^{2^k} - 1$ は $X + 1 = F_n$ で割り切れます. 素数 $p \mid (F_n, F_{n+k})$ とすれば $p \neq 2$, $p \mid F_n$ で $F_n \mid 2^{2^{n+k}} - 1$. ゆえに $p \mid 2^{2^{n+k}} - 1$ で $p \mid 2^{2^{n+k}} - 1 + 2^{2^{n+k}} + 1 = 2^{2^{n+k}}$. $p = 2$ となり矛盾.

問 2. $\zeta(s)$ は s の単調減少関数です. またよく知られたように, $\sum_{n=1}^{\infty} \frac{1}{n}$ は発散します. ゆえに $s > 1$, $s \to 1$ とするとき, $\zeta(s) \to \infty$ またはある M があって $\zeta(s) \leq M$. しかし, 後の場合は起こりません. 何故ならば, 任意の m にたいして

$$M \geq \zeta(s) = \sum_{n=1}^{\infty} \frac{1}{n^s} > \sum_{n=1}^{m} \frac{1}{n^s}$$

が成り立ち, $s \to 1$ にたいして $M \geq \sum_{n=1}^{m} \frac{1}{n}$ となりますがそれは $\sum_{n=1}^{\infty} \frac{1}{n}$ が発散することに矛盾します.

9.

問 1. $-(-1)^{\frac{1}{2}(17-1)}\left(\frac{3}{17}\right) = -\left(\frac{17}{3}\right)(-1)^{\frac{1}{2}(3-1)\cdot\frac{1}{2}(17-1)} = -\left(\frac{2}{3}\right) = -(-1)^{(3^2-1)/8} = 1$.

問 2. $\left(\frac{-3}{p}\right) = (-1)^{\frac{1}{2}(p-1)}\left(\frac{p}{3}\right)(-1)^{\frac{1}{2}(3-1)\cdot\frac{1}{2}(p-1)} = \left(\frac{2}{3}\right) = (-1)^{(3^2-1)/8} = -1$.

ここで, $= \left(\frac{2}{3}\right)$ のところまでは, 例 2 の計算の $= \left(\frac{p}{3}\right)$ のところまでと同じです.

問 3. たとえば $p \equiv 13 \pmod{40}$ の場合. $p^2 = 8m + 1$, m : 偶数, と書かれま

す．ゆえに，
$$\left(\frac{10}{p}\right) = \left(\frac{2}{p}\right)\left(\frac{5}{p}\right) = (-1)^{(p^2-1)/8} \cdot (-1)^{(5-1)/2 \cdot (p-1)/2} \left(\frac{p}{5}\right) = -\left(\frac{p}{5}\right) = -\left(\frac{p}{5}\right) = -\left(\frac{3}{5}\right) = 1.$$
他の場合も同様です．

問 4. 一つの三角形内の格子点の個数を a とすれば

$$\text{長方形内の格子点の個数} - \text{斜線部分の格子点の個数} =$$
$$\text{二つの三角形内の格子点の個数}$$

すなわち
$$\frac{1}{2}(p-1) \cdot \frac{1}{2}(q-1) - (\lambda + \mu) = 2a.$$
$$\left(\frac{p}{q}\right)\left(\frac{q}{p}\right) = (-1)^\nu (-1)^\lambda = (-1)^{\frac{1}{2}(q-1) \cdot \frac{1}{2}(p-1) - 2a} = (-1)^{\frac{1}{2}(q-1) \cdot \frac{1}{2}(p-1)}$$

1 3.

問 1. 連立方程式

$$(\$) \qquad\qquad x^2 + y^2 = z^2, \quad xy = 2t^2$$

の原始解を x, y, z, t とします．

（ i ）x, y, z は $x^2 + y^2 = z^2$ の原始解です．なぜならば，$p = \text{g.c.d}(x, y, z)$ とし，$x = px'$, $y = py'$ とすれば，$p^2 x'y' = 2t^2$ ですから $p \mid t$．これは x, y, z, t の原始性に矛盾します．

（ ii ）ゆえに（VI）により

$$x = 2ab, \quad y = a^2 - b^2, \quad z = a^2 + b^2$$

と書かれます．ただし，$a > b > 0$，$\text{g.c.d}(a, b) = 1$ で a と b の偶奇は異なります．そして $t^2 = ab(a^2 - b^2)$．

（iii）$a, b, a^2 - b^2$ は二つずつ互いに素です．したがって，整数論の基本定理

によりそれら三数はすべて平方数です．たとえば，a, a^2-b^2 が互いに素であることは次のように証明されます．$p\,|\,a,\ p\,|\,a^2-b^2$ ならば，$p\,|\,b$ ですからこれは g.c.d$(a, b) = 1$ に矛盾．

(iv) $a = x'^2,\ b = y'^2,\ a^2 - b^2 = n^2$ と書くと

$n^2 = x'^4 - y'^4 = (x'^2 - y'^2)(x'^2 + y'^2)$，g.c.d$(x'^2 - y'^2,\ x'^2 + y'^2) = 1$ ゆえに $x'^2 - y'^2,\ x'^2 + y'^2$ はともに平方数．そこで $x'^2 - y'^2 = u^2,\ x'^2 + y'^2 = v^2$ と書けば，x', y', u, v は($) の原始解です．

問 2. $x^4 + y^4 = z^4$ の自然数解は $(x^2)^2 = z^4 - y^4$ の自然数解ですが，それは(Ⅶ)に矛盾します．

問 3. 一つの方法は左辺，右辺を計算してみることです．ここでは $\alpha = x + \sqrt{-N}\,y$ の形の数の計算を行います．$\bar{\alpha} = x - \sqrt{-N}\,y$ です．$\beta = z + \sqrt{-N}\,w$ とおくと $\bar{\beta} = z - \sqrt{-N}\,w$ です．$\alpha\bar{\alpha}\beta\bar{\beta} = \alpha\bar{\beta}\,(\overline{\alpha\bar{\beta}})$ を計算すれば

$$(x^2 + Ny^2)(z + Nw) = (xz + Nyw)^2 + N(xw - yz)^2$$

が得られます．他の符号分布にたいしても同様です．

さらに

$$(x^2 + Ny^2 + Mz^2 + Lw^2)(x'^2 + Ny'^2 + Mz'^2 + Lw'^2)$$
$$= (xx' + Nyy' + Mzz' + Lww')^2$$
$$+ (\sqrt{N}xy' - \sqrt{N}yx' + \sqrt{ML}zw' - \sqrt{ML}wz')^2$$
$$+ (\sqrt{M}xz' - \sqrt{M}zx' - \sqrt{NL}yw' + \sqrt{NL}wy')^2$$
$$+ (\sqrt{L}xw' - \sqrt{L}wx' + \sqrt{NM}yz' - \sqrt{NM}zy')^2$$

が成り立ちます．これは

$$\alpha = x + \sqrt{N}yi + \sqrt{M}zj + \sqrt{L}wk,\quad \beta = x' + \sqrt{N}y'i + \sqrt{M}z'j + \sqrt{L}w'k$$
$$\bar{\alpha} = x - \sqrt{N}yi - \sqrt{M}zj - \sqrt{L}wk,\quad \bar{\beta} = x' - \sqrt{N}y'i - \sqrt{M}z'j - \sqrt{L}w'k$$

にたいして

$$\alpha\bar{\alpha} \cdot \beta\bar{\beta} = \alpha\bar{\beta}\ (\overline{\alpha\bar{\beta}})$$

を計算することにより導かれます.

問 4. $z^3 = (u^3 - 9uv^2)^2 + 3(u^2v - 3v^3)^2 = (u^2 + 3v^2)^3$

14.

問 $D = 3, 6, 11$ にたいして, $\sqrt{D}$ の周期はいずれの場合も 2 です. よってそれぞれの場合に $p_2 + q_2\sqrt{D}$ を求めればよろしい.

(i) $D = 3$. $\sqrt{3} = [1, \overline{1, 2}]$ より $k_0 = 1, k_1 = 1$.

$p_0 = 1, p_1 = 1, p_2 = p_1k_1 + p_0 = 2$.

$q_0 = 0, q_1 = 1, q_2 = q_1k_1 + q_0 = 1$. ゆえに $\varepsilon_0 = 2 + \sqrt{3}$.

(ii) $D = 6$. $\sqrt{6} = [2, \overline{2, 4}]$ より $k_0 = 2, k_1 = 2$.

$p_0 = 1, p_1 = 2, p_2 = p_1k_1 + p_0 = 5$,

$q_0 = 0, q_1 = 1, q_2 = q_1k_1 + q_0 = 2$. ゆえに $\varepsilon_0 = 5 + 2\sqrt{6}$.

(iii) $D = 11$. $\sqrt{11} = [3, \overline{3, 6}]$ より $k_0 = 3, k_1 = 3$.

$p_0 = 1, p_1 = 3, p_2 = p_1k_1 + p_0 = 10$.

$q_0 = 0, q_1 = 1, q_2 = q_1k_1 + q_0 = 3$. ゆえに $\varepsilon_0 = 10 + 3\sqrt{11}$.

15.

問 1. $l = kt + r$, $0 < r \leq k$, とすれば $a^l = a^{kt+r} = a^{kt}a^r \equiv a^r \equiv 1 \pmod{q}$ですが, これは k の最小性に矛盾します.

問 2. p を $A^2 - 2B^2$ の形の数の素因数, $p \neq 2$ とします. $A^2 - 2B^2 \equiv 0 \pmod{p}$

ですから 2 は平方剰余 $\mod p$ で
$$1 = \left(\frac{2}{p}\right) = (-1)^{(p^2-1)/8}$$
です．ゆえに $(p^2-1)/8$ は偶数です．$= 2a$ と書くと
$$\frac{1}{2}(p-1) \cdot \frac{1}{2}(p+1) = 4a.$$

ここで左辺両因子とも偶数となることはありません．何故ならば，
$$\frac{1}{2}(p-1) = 2c, \quad \frac{1}{2}(p+1) = 2d$$
とすれば
$$p = 2(c+d), \quad 2 \mid p, \quad p = 2$$
となり矛盾．ゆえに
$$4 \left| \frac{1}{2}(p-1) \right. \quad \text{または} \quad 4 \left| \frac{1}{2}(p+1) \right.$$
であり，p は $8n \pm 1$ の形です．

問 3． q を素数，$x^p - y^p \equiv 0 \pmod{q}$，すなわち $x^p \equiv y^p \pmod{q}$ とすれば $p \operatorname{Ind} x \equiv p \operatorname{Ind} y \pmod{q-1}$ です．よって $p(\operatorname{Ind} x - \operatorname{Ind} y) \equiv 0 \pmod{q-1}$ で，これは $\operatorname{Ind} x - \operatorname{Ind} y \equiv 0 \pmod{q-1}$ または一次合同方程式 $pX \equiv 0 \pmod{q-1}$ が解をもつことを示しています．後者の場合 $p \mid q-1$，すなわち $q = cp + 1$ の形です．前者の場合は，$x \equiv y \pmod{q}$．これは $q \mid x-y$ を意味します．

18.

問 1 $h \equiv 1 \pmod{p}$ ならば $\sum_{\chi} \chi(h) = \sum_{\chi} 1 = p-1$．$h \not\equiv 1 \pmod{p}$ ならば $\chi^*(h) \neq 1$ である $\chi = \chi^*$ が存在します．そのとき

$$\chi^*(h)\sum_\chi \chi^*(h)\chi(h) = \sum_\chi \chi^* \cdot \chi(h) \stackrel{(*)}{=} \sum_\chi \chi(h),$$

ゆえに

$$(\chi^*(h)-1)\sum_\chi \chi(h) = 0, \qquad \sum_\chi \chi(h) = 0.$$

（*）のところでは，$\chi^* \cdot \chi$ は χ とともにすべての指標 mod. p を動くことに注意．

問2．（ⅰ）$\chi(mn) = \chi(m)\chi(n)$ であること．n, m のどちらかが偶数ならば mn も偶数です：$\chi(mn) = 0 = \chi(m)\chi(n)$．$m, n$ はともに奇数とすると mod.8 で m^2, n^2 はともに1に合同です．

$$\frac{m^2 n^2 - 1}{8} - \frac{m^2 - 1}{8} - \frac{n^2 - 1}{8} = \frac{(m^2-1)(n^2-1)}{8}$$

より $\chi(mn) = \chi(m)\chi(n)$．

（ⅱ） $m \equiv n \pmod{8}$ ならば $\chi(m) = \chi(n)$ であること．このとき $m^2 \equiv n^2 \pmod{16}$ ですから $\frac{m^2-1}{8} - \frac{n^2-1}{8} = \frac{m^2-n^2}{8}$ は偶数．ゆえに $\chi(m) = \chi(n)$．

問3．$\chi(1) = \chi(2) = \chi(4) = 1$, $\chi(3) = \chi(5) = \chi(6) = -1$．$\chi$ は奇指標．

$$T(\overline{\chi})L(1,\chi) = -\frac{\pi i}{7}(\chi(1)\cdot 1 + \chi(2)2 + \chi(3)3 + \chi(4)4 + \chi(5)5 + \chi(6)6)$$
$$= -\pi i.$$

19.

問1．(4)において $\nu = \rho = 0$, $F(z) = e^{2zw\pi i}$ ととる．そのとき

$$\int_0^1 F(z) e^{-2kz\pi i} dz = \frac{e^{2\pi i w} - 1}{2(w-k)\pi i}.$$

(4)の左辺 = $(e^{2\pi iw} - 1) \sum_{k=-\infty}^{\infty} \dfrac{1}{2(w-k)\pi i}$,

(4)の右辺(下側) = $\dfrac{1}{2} \lim_{\lambda \to 0} \{F(\lambda) + F(1-\lambda)\} = \dfrac{1}{2}(1 + e^{2w\pi i})$

これらを等しいとおき，$t = 2\pi iw$ と書き換え，両辺を $e^t - 1$ で割ればよい．

問2.

χ：偶指標，n：奇数の場合．

$$\dfrac{B_{\chi,n}}{n!} = -T(\chi) \sum_{m=1}^{\infty} \left\{ \dfrac{\overline{\chi}(m)}{(2\pi im)^n} - \dfrac{\overline{\chi}(m)}{(2\pi im)^n} \right\} = 0 ,$$

χ：奇指標，n：偶数の場合．

$$\dfrac{B_{\chi,n}}{n!} = -T(\chi) \sum_{m=1}^{\infty} \left\{ \dfrac{-\overline{\chi}(m)}{(2\pi im)^n} + \dfrac{\overline{\chi}(m)}{(2\pi im)^n} \right\} = 0 .$$

索 引

(ア)

アイゼンスタイン級数　179
アーベルの級数変形法　199
位数　21
一意分解整域　100
ウィルソンの定理　47
円周の n 等分　50
エプシュタイン・ゼータ関数
　　　　　　　　　179
(a_0, a_1) 型フィボナッチ数列　123
L-関数　189
$L(1,x)$　198
オイラー　83, 134
オイラーの関数　1
オイラー基準　82, 85
オイラー積展開　194
オイラー積表示　63
オイラーの公式　213
黄金数　120

(カ)

階差　72
χ-ベルヌーイ数　206
ガウス　66, 83, 135
ガウスの記号　1, 126
ガウスの数体　95
ガウスの整域　95
ガウスの整数　95

ガウスの補題　84
可換環　12
環　12
Γ-関数　220
奇指標　190
基本単数　148, 153
共役指標　190
虚 2 次体　145
近似分数　106, 149
偶指標　190
クロネッカーの公式　203
クンマー　135
形式的べき級数　18
原始 m 乗根　40
原始解　139
原始根　41
原点に関して対称　109
合成数　46
合同　32

(サ)

最小絶対値剰余　84
差分　72
示数(index)　43
自然対数の底　116
実二次体　145
指標　189
指標の直交関係　191

主指標　189
乗法的　3
周期　149
循環連分数　128,149
乗余類　33
純循環連分数　149
正五角形　119
整数　146
素数　46,99
素数定理　66

　　　　（タ）

対数　196
第一補充法則　82,83
第二補充法則　83
代数的整数　94
第 m 次階差数列　72
多角数　214
単数　98,146
超越数　187
テータ関数　212
テータ関数の反転公式　220
ディリクレ積　10
ディリクレの公式　204
ディリクレの素数定理　57,167
ディリクレ L-級数　178
ディオファンタス方程式　29
同伴　99
同値律　33
凸平面図形　109

トレース　94

　　　　（ナ）

二項係数　71
二項合同方程式　44
2次形式　130
2次体　92
2次合同式　80
2次の無理数　93
$\eta(n)$　1
ノルム　94,146

　　　　（ハ）

倍数　47
背理法　58
鳩の巣原理　107
ピタゴラス数　139
ビネの公式　26
フィボナッチ数列　25
フェルマ　133,145
フェルマ・オイラーの定理
　　　　　　　　　35,39
フェルマ数　49
フェルマの問題　103,104
フェルマ・ワイルズの定理　132
双子素数　175
平方剰余　80
平方剰余の相互法則　83,156
平方剰余記号　80
平方非剰余　80

部屋割り論法　　107
ペパンの定理　　49
ベルトランの公式　　175
ペル方程式　　145
ベルヌーイ数　　24, 70, 77
ベルヌーイ多項式　　75
"ほとんど純な"循環少数　　149
ポラード法　　52

(マ)

ミンコウスキーの定理　　109
ミンコウスキーの一次式定理
　　　　　　　　　　110
無限降下法　　133, 139, 141
メービウスの反転公式　　2
メルセンヌ　　48
mod 8 の指標　　192

(ヤ)

約数　　46, 98
有理点　　141
ユークッリドの原論　　56
ユークッリドの互除法　　30
ユークッリドの証明　　57, 166
ユークッリドの素数定理　　56
4元数　　136

(ラ)

ラグランジュの定理　　135
リューヴィユの定理　　220

リーマン予想　　67
リーマン・ゼータ関数　　63
ルカスの定理　　48
ルジャンドルの記号　　80
連分数展開　　148
零因子　　12

(ワ)

割り切れる　　98

（著者紹介）

片山孝次（かたやま　こうじ）
　　津田塾大学教授

整数論周遊　　　2000年3月1日　初版　1刷発行

検印省略　　　　著　者　　片山孝次

　　　　　　　　発行所　　株式会社　現代数学社
　　　　　　　　〒606-8425　京都市左京区鹿ケ谷西寺之前町1
　　　　　　　　TEL&FAX(075)751-0727　振替 01010-8-11144
　　　　　　　　E-Mail：gensu@gold.ocn.ne.jp

ISBN4-7687-0250-3　　　印刷・製本　牟禮印刷株式会社
　　　　　　　　　　　　落丁・乱丁はお取りかえします。